团结协作

——共赢的力量

TUANJIE
XIEZUO

—— GONGYING DE LILIANG

曾才友 ◎主编

经典图书
珍藏版

成都地图出版社
CHENGDU DITU CHUBANSHE

图书在版编目（CIP）数据

团结协作：共赢的力量 / 曾才友主编 . -- 成都：成都地图出版社有限公司，2024.7. -- ISBN 978-7-5557-2563-3

Ⅰ. B822.2-49

中国国家版本馆 CIP 数据核字第 2024L66N66 号

团结协作——共赢的力量

TUANJIE XIEZUO——GONGYING DE LILIANG

主　　编：曾才友

责任编辑：王　颖

封面设计：李　超

出版发行：成都地图出版社有限公司

地　　址：四川省成都市龙泉驿区建设路 2 号

邮政编码：610100

印　　刷：三河市人民印务有限公司

（如发现印装质量问题，影响阅读，请与印刷厂商联系调换）

开　　本：710mm×1000mm　1/16

印　　张：10　　　　　　　字　　数：140 千字

版　　次：2024 年 7 月第 1 版

印　　次：2024 年 7 月第 1 次印刷

书　　号：ISBN 978-7-5557-2563-3

定　　价：49.80 元

团结协作是一种美德。一个家庭如果不能团结协作，就不会有幸福。一个学校、一个单位如果不能团结友爱，就不会有群体的成功和荣誉。社会如果不团结不合作，就谈不上和谐社会。

随着社会和经济的发展、物质的发达、竞争的激烈，开始逐渐出现了一些不团结不合作的现象。而中小学生，大部分是独生子女，难免有以自我为中心的倾向，遇到问题不能协调自己和他人的关系，这将严重影响到他们将来在社会上的适应能力。在这种情况下，团结协作精神的培养实在是刻不容缓。

培养团结协作精神，首先要在思想上充分意识到团结和协作的重要意义。其次在具体学习过程中，要正确处理团结协作和竞争之间的关系，要善于沟通，解决实际问题和冲突。最后，本书为学生和师长们提供了一些培养团结协作精神的指导方略。

本书力图用比较浅显简单的故事、道理和方法，培养中小学生团结协作的精神，帮助他们建立和谐的人际关系，最终形成良好的社会道德风尚。

目录
CONTENTS

团结协作的培养

团结协作从身边做起

团结的意义

 团结就是力量

中国人历来有团结的传统。俗话说："一个篱笆三个桩，一个好汉三个帮。""三个臭皮匠，赛过诸葛亮。"说的就是这个道理。

一个好的班集体是全班同学一起造就的，没有大家的共同努力，想成为好的班集体是不可能的。

翻开历史长卷，我们能体会到一种强大的力量——团结。刘邦重用张良、韩信、萧何，得以创建帝业；刘备重用诸葛亮、关羽、张飞、赵云，得以三分天下有其一；宋江有梁山一百多位兄弟"哥哥休要惊慌"的辅佐，才能占据八百里水泊；唐三藏取经，若没有孙悟空一路降妖伏魔，猪八戒、沙和尚鞍前马后，岂能取得真经，普渡众生？

帝王也好，好汉也罢，古今中外单凭个人的力量能称王的，没有见到过。只有团结协作、齐心协力才能最终成功。

还记得有这样一个故事：

从前有四只羊，这四只羊聚在一起时，可以说是无懈可击，而如果是一只呢？打败它却是轻而易举。一天，这四只羊一起来到一片绿茵茵的草坪里吃草。那儿住着一只凶猛的狼，这只狼早就盯上这四只羊了。可是因为它每次想去吃那些羊时，那四只羊都相互帮助，形成一个团结的集体，令它无从下手。

有一天，这四只羊吃草时，有一只羊突然提出一个问题，它说："你们说我们谁的力量大一点呢？每次我们都是一起抵抗狼。"

它们你争我吵地说："我"。

因为它们都好强，因此都说："如果有狼来进攻我们，我们各自和它战斗，谁能打败它就证明谁的能力最强，好吗？"四只羊达成了一致。

就这样，四只羊一只一只地被凶猛的狼吃掉了。就因为这四只羊没有团结，而只争强好胜，于是这四只羊就这样告别了大自然。

这个故事告诉了我们一个哲理。如果这四只羊都不那么争强好胜，当狼来时并肩作战，它们会败吗？会与大自然告别吗？所以我们青少年应该明白——团结就是力量。

团结就是力量，"兄弟齐心，其利断金"。战国时期的蔺相如和负荆请罪的廉颇，一位文臣，一名武将，正是他俩齐心协力辅佐赵王，才使强秦不敢来犯。2003 年，当嚣张的"非典"病魔在神州大地上肆虐时，正是各方人士不计回报地辛勤工作，素昧平生的人们互相帮助，才使我们共同击败了"非典"病魔。

团结就是力量，"人心齐，泰山移"。太行、王屋两座山，何其大，可是有愚公在，有愚公的子子孙孙在，太行、王屋又何足挂齿？三峡水利工程，何其大，要花费多少人力物力？可是，只要同一条心，这些困难又算得了什么？

团结就是力量，"积水成渊，集腋成裘"。南泥湾开发时，在党中央的号召下，三五九旅的战士团结合作，这才有了"陕北的江南"。大到国家，小到我们的班集体，团结互助的精神不可少。

团结就是力量，"一根筷子易折断，十根筷子抱成团"。团结能将每个人的力量都发挥出来。

不团结的劝诫

东汉末年，曹操手握重权，他的权位继承问题备受群臣关注。

曹操的儿子很多，影响较大的有：曹丕、曹植、曹彰、曹熊。

曹操去世后，他的长子曹丕继承王位，并于同年迫使汉献帝禅让帝位。

曹丕的弟弟曹植很有才华，精通天文地理，说起朝中政事滔滔不绝且管治有方，因此在朝中很有威信。曹丕把这一切都看在眼里，心中的妒火油然而生，把曹植视为眼中钉、肉中刺，处处苦苦相逼。众臣在曹丕面前也说三道四，说什么朝中一日有曹植，宫内鸡犬不宁，如他日造反，图谋篡位，可谓宫中一大害。不如先下手为强，斩草除根，以免夜长梦多。曹丕听信了谗言，决定动手。这时正赶上一桩造反政事，曹丕认定曹植为主谋。正午时分，曹丕传弟弟曹植到池厅边相见，曹植一到，就被早埋伏好的卫队挥刀截下。见到曹丕，曹植道："吾兄传我有何贵干？"曹丕道："宫中造反一事，想必你听说了吧。吾登皇位你怀恨在心，这事是否是你主使的？"曹植长叹一声，道："吾兄疑我造反，谋你河山篡你朝位？这罪行可不敢担当，请吾兄明察秋毫。"曹丕不好推辞，只得说："好，看在你我兄弟情谊的份上，我命令你在七步之内作出一首诗，不然，休怪我大义灭亲了。""好办好办，若我不能在七步内作诗一首，任凭你处置。"曹植胸有成竹地说。"爽快！爽快！咱俩一言为定。"曹植听曹丕说完话，便迈出了第一步，突然，他闻到了从远出飘来的阵阵煮豆的香味，灵感一来，借物抒情，还没有走完七步就作下了一首脍炙人口

曹植七步赋诗

的诗：

"煮豆燃豆萁，豆在釜中泣。本是同根生，相煎何太急？"

作完，曹植对曹丕说："我们虽有君臣之分，但毕竟是骨肉相连，何必苦苦相逼、手足相残？我无意与你权利相争，无论谁是君主，我都会忠贞不二地跟随，毫无怨言！明枪易挡暗箭难防，若你要杀我，轻而易举，何必大费周章，先父在九泉之下是不能瞑目的呀。"曹丕被驳得无话可说。曹丕明白了曹植这首诗的意思：如果自己杀了曹植便会被世人耻笑。于是便放了曹植，最后仍不放心，将其贬为安乡侯。

曹植的这首《七步诗》，以比兴的手法出之，语言浅显，寓意明畅，毋庸多加阐释，只需于个别词句略加疏通，其意自明。"萁"是指豆茎，晒干后用来作为柴火烧，燃烧萁而煮熟的正是与自己同根而生的豆子，比喻兄弟逼迫太紧，自相残害，实有违天理，为常情所不容。曹植取譬之妙，用语之巧，而且在刹那间脱口而出，实在令人惊叹。

诗句"本是同根生，相煎何太急"，千百年来已成为劝诫人们避免兄弟阋墙、自相残杀的普遍用语。

 一个团结的经典故事

从前，有一个少数民族政权叫作吐谷（yù）浑。吐谷浑，亦称吐浑，中国古代西北民族及其所建国名，是鲜卑慕容部的一支。西晋末，首领吐谷浑率部西迁到枹罕（今甘肃临夏），后扩展，统治了今青海、甘南和四川西北地区的羌、氐部落，建立国家。

吐谷浑有一位国王叫作阿豺，生有 20 个儿子。他这 20 个儿子个个都很有本领，难分伯仲。可是他们自恃本领高强，都不把别人放在眼里，认为自己最有才能。平时，这 20 个儿子常常明争暗斗，见面就互相讥讽，在背后也总爱说对方的坏话。

阿豺见到儿子们这种情况，很是担心，他明白这种不睦的局面对国家的危险。阿豺常常利用各种机会和场合来苦口婆心地教导儿子们不要互相攻击、倾轧，要相互团结友爱。可是儿子们对父亲的话都是左耳朵进、右耳朵出，表面上装作遵从教诲，实际上并没放在心上，依然我行我素。

阿豺一天天老了，他在想自己死后，儿子们怎么办呢？再没有人能教诲他们、调解他们之间的矛盾了，那国家不是要四分五裂了吗？究竟用什么办法才能让他们懂得要团结起来呢？阿豺越来越忧虑。

有一天，阿豺预感到死神就要降临了，他把儿子们召集到病榻前，吩咐他们说："你们每个人都放一支箭在地上。"儿子们不知何故，但还是照办了。

阿豺又叫来自己的弟弟慕利延说："你随便拾一支箭折断它。"慕利延顺手捡起身边的一支箭，稍一用力，箭就断了。

阿豺又说："现在你把剩下的 19 支箭全都拾起来，把它们捆在一起，再试着折断。"慕利延抓住箭捆，使出了吃奶的力气，咬牙弯腰，脖子上青筋直冒，折腾得满头大汗，始终也没能将箭捆折断。

阿豺缓缓地转向儿子们，语重心长地开口说道："你们也都看得很明白了，一支箭，轻轻一折就断了，可是合在一起的时候，就怎么也折不断。你们兄弟也是如此，如果互相斗气，单独行动，很容易遭到失败，只有 20 个人联合起来，齐心协力，才会产生无比巨大的力量，可以战胜一切，保障国家的安全。这就是团结的力量啊！"

儿子们终于领悟了父亲的良苦用心，想起自己以往的行为，都悔恨地流着泪说："父亲，我们明白了，您就放心吧！"

阿豺折箭

　　阿豺见儿子们真的懂了，欣慰地点了点头，闭上眼睛安然而去。

　　折箭的道理告诉我们：团结就是力量，只有团结起来，才会产生巨大的力量和智慧，去克服一切困难。

🤝 关于团结的哲学课

　　什么是团结？让我们来看看下面一位成年人的一段自述。

　　大学时候，曾经有位哲学老师向我们阐述团结的定义。当时，老师在黑板上画了两个圆形，说我们每个人就是一个圆滑的球，要想让两个球贴合在一起，也就是想要团结的话，只能将两个球各削掉一部分。老师说着，擦掉了两个圆形的一侧，这样就有了接触面，两个圆形就能紧贴吻合了。所以老师告诉我们团结的含义就是双方都要做出牺牲，削掉你那部分圆滑，否则两个球是贴合不上的。

后来我去合资公司上班，我所在的业务组有位大姐跟我一起，有天她为一笔订单和我发生了不太愉快的争执。

按规定那位客户是属于我的，但是有两天公司的电脑"脾气"不好，客户资料数据丢失。等电脑修好时，好多我的客户就易主到大姐的名下了。

在我们争吵时，香港老板大手一挥，这笔订单我就和大姐对半开了。

显然香港老板不理解团结的真正含义。虽然我和大姐都做出形式上的牺牲，都被削掉了一半，但我俩根本就不可能团结，相反都恨死了对方。我俩都认为自己完整的利益硬是被对方给瓜分了。那以后，我们连对方的影子都不愿看到。

两个月后，一次偶然的机会，我们小组齐心协力赢得了一个竞争对手的一笔大订单。庆祝会上同事们都喜气洋洋，大姐居然也前嫌尽弃地和我频频碰杯，大家其乐融融，一派团结友好的景象。

我那天也喝得微醉，微醉中我想到我们的那个竞争对手现在一定很惨。我忽然明白了，在当今，团结的含义似乎应该修改了。因为牺牲我们自己的利益并不能使我们在利益基础上团结，所以应该是齐心协力打败别人，从别人那儿切一块来贴补到我们身上，也就是说在某些时候战胜别人才能真正促进我们团结……

想明白了这个道理，我就赶快翻电话本要给哲学老师打电话，可怎么也找不到他的电话了。

有一天，《动物世界》正在播放角马大迁徙的壮观画面：

只见在非洲大草原上，上百万头的角马连绵数十里，它们嘶叫着、咆哮着，声震四面八方，势如排山倒海；马蹄飞扬，卷起了漫天黄沙，蔚为壮观！

突然，电视画面里出现了与这浩浩荡荡的迁徙画面极不相称的一幕：

四只不怀好意的猎豹正伺机猎杀角马。它们终于找到了角马的安全漏洞——角马行进的队伍比较松散，于是就选择了一头角马作为攻击对象。它们迅速分散开来，分别从四个不同的方向，向这头角马迅猛地包抄过去，生生地将这头角马与角马群割离开来。

一只个头最大的猎豹用它那强大的双颌咬住了角马的腿，任凭角马拖着它跑，却死也不松口，第二只猎豹追上来，死死咬住了这头角马的腰部不放，第三只、第四只猎豹也分别咬住了角马的不同部位。

时间一分一秒地过去了，这头角马负痛顽强地搏斗着。在它的身旁，就是同类的百万大军，它们中或许有的是听到了呼救声，侧过头看了一眼受伤的角马，虽然也流露出同情的目光，但并未停下脚步；有的或许是发现了同伴正在经历着生死搏斗，停了下来，但却不知所措，只好茫然地跟着大部队呼啸而去。

这头角马由于失去平衡，终于摔倒在地，观众的心也为之一紧，心想：可怜的角马，这下凶多吉少了。可是它并没有被拖垮，它不停地反抗着，用头顶，用角扎，用脚踢，终于寻着机会又站立了起来。

但生性好斗的猎豹不会轻易放弃到手的猎物，它们再次组织了

角马迁徙

强有力的攻击，角马也再次倒在了地上，观众的心也完全被悬了起来，心想：可怜的角马，这下在劫难逃了，寡不敌众，它会被猎豹用这种独特而残忍的方法拖垮了。

可结局出乎意料，这头角马并没有成为猎豹们口中的美餐，因为求生的本能化作了顽强的意志，使它在危机重重的情况下始终没有放弃生的希望。它凭借着不凡的耐力，一只、两只……终于挣脱了四只猎豹的撕咬，带着累累伤痕跑向了自己的大部队。

我们再来看一看故事中主角的简介，一定会给你我以强烈的触动：

猎豹：凶猛好斗，喜欢独处。身材比豹瘦削，四肢细长，趾爪较直，不像猫科其他动物那样能将爪全部缩进。体长一般在 120～130 厘米，体重约 30 千克，尾长约 76 厘米。肩高约 75 厘米，头小而圆，全身毛色淡黄并杂有许多小黑点。猎豹是奔跑速度最快的哺乳动物，每小时可达 120 千米。大自然赐予了它们无与伦比的速度，却没有同时赐予它们耐力。

角马：生活在非洲东南部开阔的草原上，相貌奇异，生性温和，喜欢群居。它的背上披着马一样的鬃毛，还有一条马一样的尾巴。体粗大，体长 1.5～2.0 米，尾长 35～55 厘米，肩高 1～1.3 米，成体体重 230～275 千克。奔跑速度虽不及猎豹那样快，但大自然赐予了它们力气与耐力，头上还长着又尖又硬的对角，分向两侧再向上弯曲成钩状，形状似公牛角，外貌十分凶猛。

这一场生与死的较量，充满了哲学的意蕴，从中我们看到了强或弱是相对的，但团结就是力量，这是绝对的。

这头角马是好样的，一个对四个，孤军搏斗，虽然两度陷入绝境，但精神没有垮掉，意志始终坚强；虽然伤痕累累，但它并没有输，因为它活着回来了，活着就是希望。这头角马也是幸运的，试想一下，倘若猎豹增加到五只、六只，甚至更多，它还能逃脱被吃掉的噩运吗？同时，角马也是可怜的。它虽然是至情至性的孤胆英雄，但它必须知道：团结才有力量，团结带来希望，团结更能体现它的优势。

这些猎豹是好样的，虽然论个头只是角马的八九分之一，论力气、论耐力都远不及角马，若与角马单打独斗，绝不是角马的对手。但它们敢于向角马发动攻击，因为它们善于团结，又善于发挥行动灵活、擅长奔跑的特点，差一点就使角马成了它们的美味。

我替角马感到悲哀，虽然父母遗传给了你强健的体魄与非凡的耐力，但你的父母与老师不懂得团结的道理，不懂得教育孩子们团结就是力量、团结就有希望的道理：一头角马足以战胜一只猎豹，十头以上的角马团结起来就足以戳死一头狮子。你的父母与老师也不懂得教育孩子互相帮助的意义：帮助了别人，就是帮助了自己。面对猛兽，它们选择了胆怯地退缩，选择了各自逃脱，而任由猛兽将同类中"倒霉"的家伙吃掉。

猎豹们应该感到庆幸，虽然你们没有生就一副高大的体魄，也不具非凡的耐力，但你们继承了勇敢的品德，从父母与老师的良好教育中获得了狩猎的智慧，更得到了父母与老师的真传：团结就是力量，团结就有希望。于是你们有了智慧，有了团结的精神，敢于向强敌挑战，在强敌面前能以多胜少，各个击破，化险为夷。

青少年朋友，当你读了以上的故事，你是否有同样的感触呢？

 ## 团结人才终成强国

燕昭王即位时燕国刚刚被齐国打败。燕昭王为了重振燕国，礼贤下士，并用重金招揽人才，但是没找到合适的人。有人提醒他，老臣郭隗（wěi）挺有见识，不如去找他商量一下。

燕昭王亲自登门拜访郭隗，对他说："齐国趁我们国家内乱侵略我们，这个耻辱我是忘不了的。但是现在燕国国力弱小，还不能报这个仇。要是有个贤人来帮助我报仇雪耻，我愿意伺候他。您能不能推荐这样的人才呢？"

郭隗摸了摸自己的胡子，沉思了一下说："要推荐现成的人才，我也说不上，请允许我先讲个故事吧。"接着，他就讲了个故事：

古时候，有个国君，最爱千里马。他派人到处寻找，找了三年都没找到。有个侍臣打听到远处某个地方有一匹名贵的千里马，就跟国君说，只要给他一千两金子，准能把千里马买回来。那个国君挺高兴，就派侍臣带了一千两金子去买。没料到侍臣到了那里，千里马已经病死了。侍臣想，空着双手回去不好交代，就把带去的金子拿出一半，把马骨买了回来。

侍臣把马骨献给国君，国君大发雷霆，说："我要你买的是活马，谁叫你花钱把没用的马骨买回来？"侍臣不慌不忙地说："大家听说你肯花钱买死马，还怕没有人把活马送来？"

国君将信将疑，也不再责备侍臣。这个消息一传开，大家都认为那位国君真爱惜千里马。不出一年，果然从四面八方送来了好几匹千里马。

郭隗讲完这个故事，说："大王要征求贤才，就不妨把我当马骨来试一试吧。"

燕昭王听了大受启发，回去以后，马上派人造了一座很精致的房子给郭隗住，还拜郭隗为老师。各国有才干的人听说燕昭王这样真心实意招请人才，纷纷赶到燕国来求见，其中较出名的有魏国的乐毅、齐国的邹衍、赵国的剧辛等。这些人团结在燕昭王身边，为燕昭王出谋划策，使得燕国又重新强盛起来。

 大人大量只为团结

陆逊（183—245 年）是三国时期吴国的名将，字伯言，吴郡吴县华亭（今上海松江）人。出身江东大族，是孙策的女婿，也是吴国一个出则能带兵征战、入则能治国的不可多得的人才。

陆逊 21 岁开始在孙权将军府上任职，早年历任东、西曹令史，海昌屯田都尉并兼县令。他当县令时，遇上连年大旱，他开仓放粮救济灾民，勉励耕织，使老百姓得到了实惠。后来他又向孙权建议，整治内政，剿灭匪患，使吴郡得到了安定，人民安居乐业。

会稽太守淳于式曾经上告孙权，指责陆逊用不正当的手段掠取百姓，骚扰地方。陆逊也听说了淳于式告他状的事。后来，陆逊去拜见孙权，两人谈到淳于式，陆逊在孙权面前称赞淳于式是个好官，能体恤民情，爱惜民力，治理会稽郡有政绩。孙权说："淳于式告你的状，而你却在我面前赞扬他、推荐他，这是为什么呢？"陆逊回答说："淳于式告状的目的，是要保养民力，这是我们治理国家的人都应该认真考虑的重要事情啊！现在他提出了这个问题，我应该有则改之，无则加勉，在以后的工作中更加重视这个问题。如果我又在您面前诋毁他来扰乱您的视听，这种做法不妥吧。"

孙权高度赞扬了陆逊，说："这确实是贤德的人应有的品行，只不过别人做不到而已。"

陆逊极善谋略。219 年，他与吕蒙定下袭取关羽之计，在麦城（今湖北当阳东南）大破关羽。

221 年，刘备率大军攻吴，孙权任命陆逊为大都督，统兵抵抗。那些将领们有的是孙策时的老将、开国功臣，有的是皇室贵戚，都各有所恃，自命不凡。自然，当他们奔赴前线作战时，就各自为政，谁也不听谁的。陆逊指挥调度他们很是困难，使吴军在战争开始时就陷入被动。两军相接，陆逊坚守不战。等到第二年，当蜀军疲惫不堪的时候，他利用顺风放火，大败刘备，取得了夷陵（今湖北宜昌）之战的胜利。这时，将士们才对陆逊的兵员部署、作战谋略等叹服不已。

后来，孙权知道了陆逊手下的将领们在战场上的表现，就问陆逊："当初你为什么不把诸将不听节制的事报告给我呢？我一定把他们召回京城处置。"陆逊回答说："臣受陛下的恩德深重，而所担任的职务则远远超过了自己的才能。再说，将领们有的是皇上的心腹，有的是能征善战的勇将，有的是开国功臣，都是国家可以重用并与他们决定大事的人。我虽然愚钝，内心却非常敬慕昔日蔺相如和寇恂谦让以成全国家大事的宽阔胸怀啊。"孙权听了开怀大笑，连声称赞陆逊："好啊！有气度，有气度。"

陆逊宽容他人、谦让下属的品德，使大家同心协力，共创吴国基业，他受到了朝野上下的称誉和尊敬。

协作的意义

 合作的重要性

俗话说得好："团结就是力量。"在我们的日常生活中，合作可以让我们获得更大的力量，帮助我们到达成功的彼岸。

在学习中，我们肯定会遇到许多的困难和挫折。当我们做题时，费尽了脑汁也无法找到做题的思路，这时候，如果仍然独自琢磨，是很难做出难题的，但如果我们请教别人，也许通过他人的耐心讲解加上自己的认真分析，就会很快地找出思路，顺利地做出这道难题。这种情况在我们的学习中很常见，也许见得多了就不甚在意，但是我们应该明白这个过程其实是一种合作，因为如果单靠一方的努力是不行的，只有讲者和听者合作了，才能产生效果，所以，在这小小的事情当中合作也起着重要作用。

我们知道，一只蚂蚁的力量是很小的，它只能搬动一些小的东西，如果碰到稍大的东西，凭借它自身的条件是不可能搬走的。这时候，蚂蚁是不会放弃的，它会把这个东西留在原地，然后去寻找自己的同伴来帮忙。一只蚂蚁的力量是小的，两只也是微不足道的，但是三只、四只……多了就能显出力量之大，它们会一起努力，直至把食物搬到洞口。这时，蚂蚁会面临另一个问题，那就是怎么才能让这么大的东西进入狭小的洞里呢？蚂蚁会把这个东西一"人"一"口"地咬掉，然后一点点地送进去。看着在洞口忙碌、来回穿梭的蚂蚁，再看着那食物由大变小，此刻，我们能想到的就是"团结就是力量"。食物之所以能被它们运进洞里，是因为它们

团结协作
——共赢的力量

合作了，经过它们的合作才有了将巨大的食物搬回洞中的成功。合作对我们太重要了，我们一定不能小看它。合作，会给我们带来成功，带来进步，带来发展……

合作，一种极为普通的行为，我们在做任何事情的时候，都应该记住这句话：只有合作，才能进步；只有合作，才能发展。

 合作学习

根据《现代汉语词典》，"合作"的定义为：互相配合做某事或共同完成某项任务。

反观我们日常生活，人们在共同完成某项任务时总喜欢说："合作愉快！"这说明合作的前提是互相认同、接纳和目标一致，它是情感态度与诚信的结合，是一种价值的体现，而且只有"合作愉快"才能更好地完成共同任务。

虽然在合作的过程中可能会遇到某些人为因素或者自然因素的影响，但合作者们总体上是希望"合作愉快"的。

此外，若从法律上讲，合作可能是多方的，至少是双方的，合作的主体是独立平等的，有自己的权利与责任。如果离开了权利，就无所谓责任，甚至会逃避责任，反之亦然，这是合作的必要条件。

所以，合作可以理解为：为了共同的目的或任务，合作主体相互认同、接纳，并保持各自的独立性和责任感。

由此，我们可以把合作学习初步定义为：合作学习是教育者与学习者之间、学习者与学习者之间为了完成共同的学习目标或任务，而进行相互认同、接纳、平等和诚信的学习活动。

15

协作与不协作的结果

第一个团队的故事是这样的：

"一个和尚挑水喝，两个和尚抬水喝，三个和尚没水喝。"

第二个团队的故事是这样的：

"一只蚂蚁来搬米，搬来搬去搬不起；两只蚂蚁来搬米，身体晃来又晃去；三只蚂蚁来搬米，轻轻抬着进洞里。"

上面有两个团队、两种说法、两种截然不同的结果。

"三个和尚"是一个团体，可是他们没水喝，这是因为他们互相推诿，不讲协作。"三只蚂蚁来搬米"之所以能"轻轻抬着进洞里"，正是团结协作的结果。

团队协作的力量是很强大的，团结的力量一旦被开发，团队将创造出不可思议的奇迹。

当今社会，随着知识经济时代的到来，各种知识、技术不断推陈出新，竞争日趋紧张激烈，社会需求越来越多样化，使人们在工作学习中所面临的情况和环境极其复杂。在

三个和尚没水喝

很多情况下，单靠个人能力已很难处理好各种错综复杂的问题并采取切实高效的行动。所有这些都需要人们组成团体，并要求成员之间进一步相互依赖，相互关联，共同合作，建立合作团队来解决错综复杂的问题，并进行必要的行动协调，开发团队应变能力和持续的创新能力，依靠团队协作的力量创造奇迹。

既然团队协作有那么大的力量，那么接下来我们就了解一下什么是团队协作吧。团队不仅强调个人的工作成果，更强调团队的整体业绩。团队所依赖的不仅是集体讨论和决策以及信息共享和标准强化，它还强调通过成员的共同贡献，能够得到实实在在的集体成果，这个集体成果超过成员个人业绩的总和，即团队大于各部分之和。团队的核心是共同奉献。这种共同奉献需要一个成员能够为之信服的目标。只有切实可行而又具有挑战意义的目标，才能激发团队的工作动力和奉献精神，为工作注入无穷无尽的能量。

所以团队协作是一种为达到既定目标所显现出来的自愿合作和协同努力的精神。它可以调动团队成员的所有资源和才智，并且会自动地驱除所有不和谐、不公正现象，同时会给予那些诚心、大公无私的奉献者适当的回报。如果团队协作是出于自觉自愿的，那么它必将会产生一股强大而且持久的力量。

团队协作往往能激发出团体不可思议的潜力，集体协作干出的成果往往能超过成员个人业绩的总和。正所谓"同心山成玉，协力土变金"。红军长征胜利是中国革命史上，乃至世界军事史上的一次奇迹。创造这个奇迹的红军战士和整支红军队伍有一个为天下所有贫苦人民谋幸福的共同目标。而且他们都不畏艰险，相互帮助，共同合作充分发挥了团队协作的力量。他们是一个优秀的团队，在共同协作下不仅走出了困境，还为革命的胜利打下了基础。所以，成功需要克难攻坚的精神，更需要团结协作的合力。

一个团体，如果组织涣散，人心浮动，人人各行其是，甚至搞"窝里斗"，何来生机与活力？又何谈干事创业？在一个缺乏凝聚力的团队里，个人再有雄心壮志，再有聪明才智，也不可能得到充分发挥！只有懂得团结协作才能克服重重困难，甚至创造奇迹。

下面我们再看一个例子。

狼是群动之族，攻击目标既定，群狼起而攻之。头狼号令之前，群狼各就其位，各司其职，嚎声起伏而互为呼应，默契配合，有序而不乱。头狼昂首一呼，则主攻者奋勇向前，佯攻者避实就虚而后动，后备者厉声而嚎，以壮其威……

独狼并不强大，但当狼以集体的形式出现在攻击目标之前，却表现强大的攻击力。在狼成功捕猎的众多因素中，严密有序的集体组织和高效的团队协作是其中最明显和最重要的因素。由此可见团队协作的重要性。小溪只能泛起破碎的浪花，百川纳海才能激发惊涛骇浪，个人与团队的关系就如小溪与大海。每个人都要将自己融入团队，才能充分发挥个人的作用。团队精神的核心就是协同合作。总之，团队精神对任何一个组织来讲都是不可缺少的精髓，否则就如同一盘散沙。一根筷子容易弯，十根筷子折不断……这就是团队精神重要性的直观表现。

 ## 合作型性格更易成功

俗话说："三个臭皮匠，赛过诸葛亮。"一个人的能力终究是有限的，要完成一件工作，一定是大家分工协作、互相配合，善于合作者正是掌握了这一简单法则才使自己走向成功。

合作型性格的特点：善于与人沟通、合作。一般说来这种性格的人大多比较温和，既不过分保守，也不过分激进。所以，他们总是能够听取各方面的意见，并且虚心接纳，以吸取其中有价值的东西。他们之所以能够取得令人瞩目的成绩，原因即在于此。

任何人都应该学会待人接物、结交朋友的方法，以便互相提携、互相促进、互相借鉴，单枪匹马是难以成功的。

钢铁大王卡耐基曾经预先写好了自己的墓志铭：长眠于此地的人懂得在他开拓事业的过程中起用比他更优秀的人。

大部分成功的人都有一种特长，就是善于观察别人，并能够吸引一批才识过人的良朋好友来合作，激发共同的力量。这是成功者最重要的，也是最宝贵的经验。

任何人如果想成为一个企业的领袖，或者想在事业上获得巨大的成功，首要的条件就是要有一种鉴别人的眼光，能够识别出他人的优点，并让其优点得到充分的发挥。一位著名的商界人物、银行界的领袖说过：他的成功得益于鉴别人才的眼力。这种眼力使得他能把每一个职员都安排在恰当的位置上，从来没有出现过差错。不仅如此，他还努力使员工们知道他们所担任的职务对于整个事业的重大意义。这样一来，这些员工无需上司的监督就能把事情处理得很圆满了。

但是，鉴别人才的眼力并非人人都有。许多经营大事业失败的人，他们失败的一个重要原因就是他们缺乏识别人才的眼力，他们常常把工作分派给不恰当的人去做。尽管他们工作非常努力，但他们常常对能力平庸的人委以重任，反而冷落了那些具有真才实学的人，使这些人才埋没在角落里。

其实，他们一点儿都不明白，一个所谓的人才，并不是能把每件事情都做得很好且样样精通的人，而是能在某一方面做得特别出色的人。比如说，对于一个会写文章的人，他们便认为他是一个人才，认为他管理起人来也一定不差。但事实是，一个人能否做一个合格的管理人员，与他是否会写文章是没有必然联系的。他必须在分配资源、制订计划、安排工作、组织控制等方面有专门的技能，但这些技能并不是一个善写文章的人一定具备的。

世上成千上万的经商失败者，大都把许多不适宜的工作加到雇员的肩上后，再也不去管他们是否能够胜任，是否感到愉快。

一个善于用人、善于安排工作的人，很少在管理的问题上出麻烦。他将每个雇员的特长都了解得很清楚，也能够尽力把他们安排在最恰当的位置上。但那些不善于管理的人总是会忽略这些重要的方面，而在那些鸡毛蒜皮的小事上大做文章，这样的人当然会失败。

很多精明能干的总经理、大主管坐在办公室的时间很少，常常在外旅行或出去打球，而他们公司的经营却丝毫未受影响，公司的业务仍像时钟的发条一样有条不紊地进行着。那么，他们是如何管理的呢？他们有什么管理秘诀呢？如果有的话，那只有一条：把恰当的工作分配给恰当的人。

美国三大汽车公司：通用、福特、克莱斯勒，它们垄断了美国的汽车工业。最初，福特汽车的市场占有率为45%，高居首位。但从20世纪30年代起，通用汽车的市场占有率超过了福特汽车。到1983年，通用汽车公司成为世界第二大工业公司，年营业额为746亿美元，净利37.3亿美元。这一年，福特汽车公司排在世界第五大工业公司的位置上，年营业额444.6亿美元，净利18.7亿美元。克莱斯勒公司则在它们之后。

福特汽车公司自1903年由亨利·福特创立后，不到10年时间便成为了世界汽车大王，福特牌汽车风行全球。通用汽车公司于1908年在美国新泽西州创立，但一直落后于福特汽车公司。后来怎么会大大赶超了福特汽车公司呢？原因是多方面的，最突出的一点是通用汽车公司后来起用的决策者处事开明，能兼听各方面的建议，特别关注反对的意见。

通用汽车公司自从由斯隆任总裁之后，在经营决策上广泛听取部属的各种建议和反面意见。斯隆认为，像"通用"这样的大公司，若把所有问题的决策集中于少数领导人身上，不仅使他们终日忙于事务，无暇考虑公司的方针、政策，还会局限各级人员的创造精神。他要求各级人员要加强责任心，对任何决策和谋略大胆地各抒己见。他还言明这样做的目的绝不是为了损害领导层的尊严，而是为了防止和避免决策的重大失误。

有一次，斯隆主持讨论一项新的经营方案，参加会议的各部门负责人对这项新方案没有提出任何反对意见。最后，斯隆总裁说："看来诸位先生都完全同意这项决策了，是吗？"与会者都点头表示同意。斯隆却突然严肃地说："现在我宣布会议结束，这次会议讨论的问题延到下次会议再行讨论。但我希望下次会议能听到反对的意见，这样，我们才能全面地了解这项决策的利弊。"

通用汽车公司的领导者在做各项主要经营决策前善于听取各种建议和意见，便于对各种方案作出比较判断，从中选择最佳的方案，同时公司也能做到有备无患，万一发生差错，还可随时采取新对策。正是由于采取这一招，"通用"牌汽车在生产、设计、营销管理等各方面处于领先地位，致使美国其他汽车公司望尘莫及。

我们每一个人在社会的大舞台上都充当着一定的角色，无论你从事什么职业，要想取得成功，都离不开别人的帮助。单独一个人想达到事业的顶峰是不可能的事情。

这就好比是一支球队，要想在比赛中取得最终的胜利，必然是大家团结协作、共同努力的结果。

因为个人的力量毕竟是有限的，即使一个人再有能力，也不可能独揽一切。善于与人合作的人，可以更好地弥补自己各方面的不足，使自己尽快地走向成功。

团结协作利人又利己

据说，在远古洪荒之际，上帝创造了天、地、日、月、光明和人类。

随着人类的增多，上帝开始担忧。他深知人类偷吃了伊甸园的果子，怕人类的不团结会造成世界大乱，从而影响世界的长治久安。

为了检验人类之间是否具备团结协作、互助互帮的意识，上帝做了一个试验。

他把人类分为两批，在两批人的面前都放了一大堆可口美味的食物。同时，他给每个人发了一双细长的筷子，要求他们在规定的时间内，把桌上的食物全部吃完，不许有任何的浪费。

比赛开始了，第一批人各自为政，只顾拼命地用筷子夹取食物往自己的嘴里送，但因筷子太长，总是无法够到自己的嘴，而且因为你争我抢，造成了极大的浪费。上帝看到此，摇了摇头，感到十分失望。

轮到第二批人类了，他们一上来并没有急着用筷子往自己的嘴里送食物，而是围坐成了一个圆圈，先用自己的筷子夹取食物送到坐在自己对面的人嘴里，然后，由坐在自己对面的人用筷子夹取食物送到自己的嘴里。就这样，每个人都在规定时间内吃到了食物，并且没有造成浪费。第二批人不仅享受到了美味，还获得了更多的信任和好感。上帝见了，点了点头，看到了希望。

上帝在第一批人类的背后贴上五个字，叫"利己不利人"；而在第二批人类的背后贴上另外五个字，叫"利人又利己"！

 表面合作是不够的

有三只老鼠结伴去偷油喝，可是油缸非常深，油在缸底，它们只能闻到油的香味，根本喝不到油。它们很焦急，最后终于想出了一个很棒的办法，就是一只老鼠咬着另一只老鼠的尾巴，吊下缸底去喝油。它们取得了共识：大家轮流喝油，有福同享，谁也不能独自享用。第一只老鼠最先吊下去喝油，它在缸底想："油只有这么一点点，大家轮流喝多不过瘾，今天算我运气好，不如自己喝个痛快。"夹在中间的老鼠也在想："下面的油没多少，万一第一只老鼠把油喝光了，我岂不是要喝西北风吗？我干嘛这么辛苦地吊在中间让第一只老鼠独自享受呢？我看还是干脆把它放了，自己跳下去喝个痛快!"第三只老鼠则在上面想："油那么少，等它们两个吃饱喝足，哪里还有我的份，倒不如趁这个时候把它们放了，自己跳到缸底喝个饱。"于是第二只老鼠狠心地放了第一只老鼠的尾巴，第三只老鼠也迅速放了第二只老鼠的尾巴。它们争先恐后地跳到缸底，浑身湿透，一副狼狈不堪的样子，加上脚滑缸深，它们再也逃不出油缸了。

三只老鼠表面上是在一起合作了，可它们各怀心事，这样的合作宁愿没有的好。单打独斗，只考虑自己的利益很难成功，真正的强者讲究双赢，追求团队合作。

 ## 善于合作好处多

每个人的能力都有一定的局限，善于与人合作的人，能够弥补自己能力的不足，达到自己一个人达不到的目的。

清末名商胡雪岩，不甚读书识字，但他却从生活经验中总结出了一套哲学，归纳起来就是："花花轿子人抬人。"他善于揣摩人的心理，把士、农、工、商等阶层的人都拢集起来，以自己的钱业优势，与这些人协同作业。他与漕帮协作，及时完成了粮食上交的任务。与王有龄合作，王有龄有了钱在官场上发展，胡雪岩也有了机会在商场上发达。如此种种的互惠合作，使胡雪岩

胡雪岩

这样一个小学徒工变成了一个执江南半壁钱业之牛耳的巨商。

个人力量有限，这不单是胡雪岩的问题，也是我们每一个人的问题。但是只要有心与人合作，善假于物，取人之长，避己之短，而且能互惠互利，那合作的双方就都能从中受益。

每年秋季，大雁由北向南呈 V 字形长途迁徙。雁在飞行时，V 字形的形状基本不变，但头雁却是经常替换的。头雁对雁群的飞行起着很大的作用。头雁在前开路，它的身体和展开的羽翼在冲破阻力时，能使它左右两边形成真空。其他的雁在它左右两边的真空区域飞行，就等于乘坐一辆已经开动的列车，自己无需再费太大的力气克服阻力。这样，成群的雁以 V 字形飞行，就比一只雁单独飞行要省力，也就能飞得更远。

人只要合作，也会产生类似的效果。只要你以一种开放的心态做好准备，只要你能包容他人，你就有可能在与他人的协作中实现仅凭自己的力量无法实现的理想。

有人说众人携手能做出更大的蛋糕，但是有些人却信奉另外一种哲学。他们认为，财富总是有一定的限度，你有了，我就没有了。

这是一种享受财富的哲学而不是一种创造财富的哲学。财富创造出来固然是为了分享的，但是我们的注意力不应该只在这里，我们应该更关注财富的创造。

同样大的一块蛋糕，分的人越多，自然每个人分到的就越少。如果斤斤计较，我们就会相信享受财富的哲学，我们就会去争抢食物。但是如果我们是在联手制作蛋糕，那么，只要蛋糕能不断地往大里做，我们就不会为眼下分到的蛋糕大小而备感不平了。因为我们知道，蛋糕还在不断做大，眼前少一块儿，随后还可以再弥补过来。而且，只要联合起来把蛋糕做大了，根本不用发愁能否分到蛋糕。

过去，农村闭塞，获取财富比较困难。老百姓家中难得有一桌

团结协作

——共赢的力量

一椅一床一盆一罐，所以那时农村分家是件很困难的事情。兄弟妯娌间为了一个小罐、一张小凳子，便会恶语相向，乃至大打出手。这是一种典型的分财哲学。

后来，大家外出务工，生活水平提高了，财富也越来越多。回过头来，发现各自留在家里的亲眷根本犯不着为一些鸡毛蒜皮的事生气。相反，嫂子留在家里，属于弟弟的地不妨代种一下，父母留在家里，小孙子小外孙也不妨照看一下。相互帮助，尽量解除出门在外的人的后顾之忧。反过来，出门人也会感谢老家亲戚的体谅和帮助。一种新的哲学也就诞生了，这种哲学就是：你好，我也好，合作起来更好。

遗憾的是，有些大学毕业生，大概是在校园呆久了，居然信奉这样的哲学：必须践踏别人，糟蹋别人，利用别人。还有一些学生，自己拥有的资源不愿意与人分享，却想利用别人的资源，但又不好意思张口。这样的心态是我们人生路上一种极大的障碍，绝对不利于个人的成长与发展。

与人携手，把蛋糕做得更大一些。这样的话，你还发愁没得吃吗？

 把争斗变成谦让

在一个原始森林里，一条巨蟒和一头豹子同时盯上了一只羚羊。豹子与巨蟒对视着，各自打着"算盘"。豹子想：如果我要吃到羚羊，必须首先消灭巨蟒。巨蟒想：如果我要吃到羚羊，必须首先消灭豹子。于是几乎在同一时刻，豹子扑向了巨蟒，巨蟒也扑向了豹子。豹子咬着巨蟒的脖颈想：如果我不下力气咬，我就会被巨蟒缠死。巨蟒缠着豹子的身子想：如果我不下力气缠，我就会被豹子咬死。于是双方都死命地用着力气。最后，羚羊安详地踱着步子走了，而豹子与巨蟒却双双倒地。

如果豹子和巨蟒同时扑向猎物，而不是扑向对方，然后平分食物，两者都不会死；如果它们同时走开，一起放弃猎物，两者都不会死；如果它们中的一方走开，一方扑向猎物，两者都不会死；如果它们在意识到事情的严重性时互相松开，两者也都不会死。它们的悲哀就在于把本该具备的谦让转化成了你死我活的争斗。

 谁都有所不能

团结协作

——共赢的力量

有一只骆驼离开主人，独自漫步在偏僻的小道上。长长的缰绳拖在地上，它却漫不经心地只管自己走着。这时，正好来了一只老鼠。它咬住缰绳的一头，牵着这只大骆驼就走。老鼠得意地想："嘿，瞧我的力气多大啊？我能拉走一只大骆驼呢？"一会儿，它们来到河边。大河拦住了去路，老鼠只好停了下来。这时，骆驼开口了："喂！请你继续往前走啊！""不行啊！"老鼠回答说，"水太深了。""那好吧，"骆驼说道，"让我来试试看。"骆驼到了河中心便站住了，它回头叫道："你瞧，我没说错吧，水不过齐膝盖深呢。好啦，尽管放心下来吧？""是的。"老鼠答道，"不过，正如你所看到的，你的膝盖和我的膝盖之间可有一点小小的差别啊。劳驾，请你渡我过河去吧。""好，你总算认识到自己的不足了。"骆驼说，"你很傲慢，夜郎自大。要是你能保证今后谦虚一点，那我就渡你过河。"老鼠不好意思地笑着答应了。就这样，它俩一起平平安安地到了对岸。

世界上没有十全十美的事物，人都有自己所不能够做到的事。谦虚的人通常能看到自己的不足，然后与强者联合共渡难关，在彼此关爱中享受生命的快乐。

26

在很久以前，有一只锦鸡、一只兔、一只猴和一头象，它们结拜为兄弟。

锦鸡能飞，有一次飞上了三十三重天，衔来了一颗果树种子。这种子是万年生长，一年四季都能结果子的。

它们当中兔子最有心机，知道这种子的贵重，就首先动手把种子种在地里。猴子知道这树会结果，就天天给它施肥。大象也想吃果子，就天天用鼻子从河里汲水来浇灌。

由于大家的照料，树一天天地长大了，很快就结果了。

锦鸡从树尖飞过，看见果子成熟了，心想："我带来的种子结果了，我的功劳可不小啊！现在该我享受了！"于是，它天天飞上树，在树上慢慢地啄食果子。

猴子是可以上树的，它想吃时就爬上树，不想吃就爬下来。

象的个子很高，就用它的长鼻子卷着树枝吃果子。

它们中间最吃亏的就是兔子。它爬不上树，只有在树下扑打纵跳，望着香气扑鼻的果子，翘尾巴，舔嘴唇。

树，一天天长高了，连有长鼻子的象也吃不到果子了，于是，它们开始有了争吵。

象和兔一齐向锦鸡和猴子嚷着："这太不公平了，树长高了，只有你们两个吃得到果子，要知道我们也曾经浇过水啊！"

兔更不满意地说："是的，真的是很不公平，我一直吃不到果子，只吃了几片落下来的树叶。"

但是锦鸡和猴子只顾自己吃，不理它们。它们没有办法，就找了一个聪明的人帮它们评理。聪明人说："你们四个先不要争，天底下原来没有这种果树，你们先说这果树是从哪里来的？是怎样生长的？你们告诉了我，我就可以帮你们想出调解的办法来。"

锦鸡说："聪明人啊，正如你所说，这树天底下本来没有，是我从三十三重天上衔来的种子生长出来的，我的功劳最大，难道不是吗？"

兔子说："虽然锦鸡衔来了种子，但它不知道该怎么办，是我想到把它种到地里，因此才有了这棵树。可我却一直吃不到果子，只能吃到偶尔落下来的几片叶子。你说公平吗？"

猴子说："虽然有了种子，有人种下地，但我施肥的功劳可不小啊！这树原来只有一根细草那样大，要不是我天天施肥，它怎么能活呢？"

象说："虽然有了种子，有人种地，有人施肥，但是，天旱了那么久，我每天都用鼻子从河里运水来浇它，它才生长起来的。我也有功劳啊！"

聪明人说："照这样说，你们每个人都对这树出过力，每人都该吃到这果子。你们与其这样争吵，不如大家一起想能吃到果子的办法。因为只有这样，才不致伤害你们之间的感情，而且又能让这棵树结更多的果实。"

它们觉得这话很有道理，于是就一起商量，终于商量出一个办法。它们规定摘果子要大家一起摘，象站最下边，象背上站猴子，猴子背上站兔子，兔背上站锦鸡，然后锦鸡摘下果子交给兔，兔交给猴，猴交给象，果子摘好了，大家一起吃。

自从想出这个办法以后，它们就不再争吵了，而且使这棵树长得更好，果子也结得更多了。

这就是常被描绘在藏族地区墙壁上的那幅五色彩画，名叫《锦鸡、兔、猴、象吃果图》。它教给人们团结和尊重他人劳动的道理。在新方法想出来前和想出来后，锦鸡、兔、猴、象对于吃果的不同反映形成了鲜明的对比：一种是自私自利的散乱状态，大家都没得吃；一种是团结一致的协调组合，大家都能吃。人们常说"三个臭皮匠，赛过一个诸葛亮"，目的在于说明团结就是力量，团结起来，众志成城，合理组合，才能取得胜利。团结的前提就是目标一致，彼此谦让，共同进步，以战略的眼光看待问题。

离开团队会如何

秋风来了，北方的天气逐渐变冷了。一队队大雁往南飞去。它们有时候排成一字形，有时候排成人字形。它们一块儿飞过高山，飞过大海，又一块儿落到湖边休息，一刻也不分离。晚上睡觉，总有一只大雁在放哨，防备突然来的袭击。

雁群里有一只小雁，不愿跟大队伍一块儿飞。它说："跟你们一块儿飞多慢呀！如果让我一个人飞，我早就飞到南方去了。"大雁警告它，说不能这样做，这样做是不遵守纪律，随便离队也会遇到危险。小雁满不在乎地笑笑，把好话当成了耳旁风。一天晚上，当大家都睡着的时候，它偷偷地离队飞走了。它在无边无际的天空独自飞行，一边飞，一边得意地唱着歌，感到无比的快乐和自由，梦想着自己能早日到达南方。忽然，"砰"的一声，把它吓了一跳，它低头一看，不远处一个猎人正在朝它开枪。它急忙用力扇动翅膀，飞进云层。它想，多危险啊！差点儿就把命给送了，还是回去吧！但是它又想，这么快回去，不是太没出息了吗，大家会笑话自己的。既然出来了，就不能这么轻易回去，应该做出些事情，让同伴们瞧瞧。

天渐渐黑了，它决定先找个地方住下再说。小雁看到前面有一座山，这时它的口渴了，肚子也饿了。它心想，过了这座山，该到湖边了吧。于是，它打起精神，艰难地飞过了高山。可是山那边并没有它想要看到的湖，只有漆黑的树林。在漆黑之中，小雁到处搜寻着，分不清东西南北。小雁感到自己疲乏极了，它身上一点力气也没有了。它落在草地上，很想舒舒服服地睡一觉，忽然又想起，谁为自己放哨呢，没人放哨，太危险了，说不定会有狐狸和狼出来伤害自己。它越想越害怕，后悔自己不该单独飞行，恨不得马上回到队伍里去。但是，漆黑的夜里，往哪里去找队伍呢？它伤心地哭了起来。正在这个时候，一只凶恶的狼嚎叫着从树林里跳了出来。小雁吓得浑身发抖，但是，在恐惧中，它身体有了一种力量，怎么能等着让狼吃掉呢？它猛地扇动翅膀，飞快地飞到空中。小雁独自飞在天空中，心里又急又怕。这时候，它越发后悔当初没有听老雁的话。这只不守纪律的小雁在天上飞了好久好久，它飞过高山，飞过森林，飞过海洋，终于飞回了雁群。

小雁自以为是，最终发现自己是那么的渺小，离开了集体终究无法生活。过于重视自我，忽视组织价值，最终受害的还是自己。在集体生活中，每个人都应该严格遵守纪律，按集体规则办事，处处以集体利益为重，正确评价集体的决策和行动。每个人都是组织的一分子，都需要客观真实地认识自我，肯定组织，都需要团结和协作，脱离组织将寸步难行。

 猴子的合作智慧

有学者做过这样一个实验：把6只猴子分别关在3间空房子里，每间两只，房子里分别放着一定数量的食物，但放的位置、高度不一样。第一间房子的食物就放在地上；第二间房子的食物分别按获取的难度，从易到难悬挂在不同的高度；第三间房子的食物悬挂在房顶。

数日后，他们发现第一间房子的猴子一死一伤，伤的缺了耳朵断了腿，奄奄一息。第三间房子的猴子也死了。只有第二间房子的猴子活得好好的。

究其原因，第一间房子的两只猴子一进房间就看到了地上的食物，于是，它们为了争夺唾手可得的食物而大动干戈，结果伤的伤、死的死。第三间房子的猴子虽做了努力，但因食物太高，难度过大，够不着，被活活饿死了。只有第二间房子的两只猴子先是各自凭着自己的能力蹦跳取食。最后，随着悬挂食物高度的增加，获取难度的增大，两只猴子只有协作才能取得食物。于是，一只猴子托起另一只猴子跳起取食。这样，它们每天都能取得够吃的食物，很好地活了下来。

只有真正体现出个体能力与水平，发挥个体的能动性和智慧，才能使团队间相互协作，共渡难关。团队合作的前提是让每一个人都感觉到团队的业绩与自己息息相关，自己是执行者，而非旁观者。

 ## 共同协作渡过难关

从前，有两个饥饿的人得到了一位长者的恩赐：一根渔竿和一篓鲜活硕大的鱼。其中，一个人要了一篓鱼，另一个人要了一根渔竿，接着他们就分道扬镳了。得到鱼的人原地就用干柴搭起篝火煮起了鱼，他狼吞虎咽，还没有品出鲜鱼的肉香，转瞬间，连鱼带汤就吃了个精光。不久，他便饿死在空空的鱼篓旁。

另一个人则提着渔竿继续忍饥挨饿，一步步艰难地向海边走去。可当他已经看到不远处那片蔚蓝色的海洋时，他浑身的最后一点力气也使完了，他只能眼巴巴地带着无尽的遗憾撒手人寰。

又有两个饥饿的人，他们同样得到了长者恩赐的一根渔竿和一篓鱼。只是他们并没有各奔东西，而是商定一起去找寻大海。他俩每次只煮一条鱼，经过长时间的跋涉，他们来到了海边，从此，两人开始了捕鱼为生的日子。几年后，他们盖起了房子，有了各自的家庭、子女，有了自己建造的渔船，过上了幸福安康的生活。

同样是具备同等条件的两个人，前者都只顾自己，落得个谁都不想得到的下场；后者知道协作，过上了好日子。合作——在你最需要的时候，它能帮助你克服各种困难。

团结协作

——共赢的力量

团结协作中的竞争问题

 一般竞争的类型及特点

生活中的竞争分为很多种，大致有如下几种。

评优竞争：

评选先进典型、模范人物。重在评出优秀，有示范和促进作用，具有先进性，参评对象有相比性，没有对立性，有群众参与评议。

选拔竞争：

竞技比赛，招聘选拔人才，提拔干部。重在选拔人才，即按同一标准选拔，入选者名次具有唯一性，选拔对象竞争而不对立，一般没有群众参与评议。

比学赶帮竞争：

集体中的个体比学赶帮，相互学习，先进帮助落后，落后学习并努力追赶先进。重在比较，目的是促进整体进步，没有对立性、排他性。

以上 3 种竞争是青少年朋友比较常见的。

创新超越竞争：

发明高新科技，创新改革措施，超越先进，敢为人先。弃旧立新，新旧对立但不对抗，有时能共存，没有对立性、排他性。

建功立业竞争：

个人在本职、本岗建功立业，自觉努力争先，创业绩，比贡献。有竞争意识，但不公开比试高低，是隐形竞争，没有对立性、排他性。

生死存亡竞争：

战役决战，战场争斗。有排他性和不可调和的对立性，目的是压倒以至消灭对方。

 ## 一般合作的类型与特点

求同存异式的合作：重在求同，不计相异，容许个性存在和发展，以求共性合作，旨在为共同利益而合作。

优势互补式的合作：各自发挥优势，相互利用，取长补短，以求共同发展，双方互补。

资源共享式的合作：各自的人力、物力、财力，为双方共用共享，最大限度地发挥效益，双方互利。

共事合作：领导群体或合作共事的双方或多方。

合作对象：上下级合作、同级分工合作、相关部门合作（三类）。

合作工作关系：平行、交叉、含容、从属（四种）。

合作原则：你中有我，我中有你，你借我势，我助你力。

合作策略：沟通理解，协调步调，化解矛盾。

人际关系：互相爱护，互相关心，互相帮助。

专题或全面合作：即时组合，专题攻关；或长期联合，全面合作。同心协力，目的明确，分工负责，相互支持。

行业或集团合作：行业或集团联合。有行业或集团合作规则，有保护同业或集团利益的政策，有各自责任和义务。

地域或部门合作：为特定目的，同一地理环境、同一归属部门之间的专门合作。

亲情关系合作：重在情感纽带相连，达到默契、同一，利弊皆有（应兼顾法、理、情）。

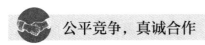

公平竞争，真诚合作

事物都是相互比较而存在，相互竞争而发展的。无论个人，还是群体，竞争与合作都是为了生存与发展，除生死存亡竞争之外，大都是在共存中竞争与合作，不是对立的和不可调和的。因此，我们主张公平的、积极的独立竞争，以及平等的、真诚的、互利的合作。这样，才能把竞争与合作作为动力，促进事物发展，实现自我价值和群体价值。我们要参与竞争，更要加强合作。

不少青少年甚至成年人认为，竞争就是你死我活，竞争就不能有合作。竞争双方似乎注定是利益截然对立的"冤家"对头。其实，换一种思路看，情况并不一定是这样。拿有争议的名人名事故地等旅游资源的开发、利用来说，双方何不来个"不同而和"、资源共享、联合开发、共同发展呢？如果双方联手，你把游客送到我这里，我把游客送到你那里，岂不是双赢？

社会主义市场经济不能没有竞争。有竞争才能激发动力、增强活力，促使企业不敢懈怠，不断推动科技进步，改善经营管理方式，降低成本，提高质量，增加效益。建设和发展也不能没有合作。有合作才能优势互补、取长补短、收拢五指、攥紧拳头、形成合力。马克思说得好，协作不仅可提高个人的生产力，并且是"创造一种生产力"，产生一加一大于二的神奇效果。聪明的人不但要积极与伙伴合作，也要勇于与竞争对手合作并从中获益。

如今，越来越多的公司通过组建联盟参与全球竞争。竞争之中有合作，合作之中有竞争，这是对传统的竞争理念和模式的超越，是适应形势发展的必然选择。实践证明，过去那种仅仅把同行看成是"冤家"，认为有竞争就不能合作的观点是片面的、有害的，它往往造成不必要的摩擦、内耗及浪费。而把竞争与合作结合起来，既竞争又合作，就能突破孤军奋战的局限，把自身优势与其他企业的优势结合起来，把双方的长处最大限度地发挥出来，既提高自己也提高别人的竞争力，实现双赢或多赢。

团结就是力量，联合就有优势。愿人们更明智地处理竞争与合作的关系，在积极竞争的同时，将团结协作精神发扬光大。公平竞争，真诚合作，这样，才能把我们的事业发展壮大，越办越好。

 ## 竞争不是你死我活

这是一个小地方，经济落后，老百姓的口袋里并不宽裕。

麻雀虽小，五脏俱全，这个地方盘踞着大大小小数十家超市和商场，城区不大的面积里拥挤着五家大型超市。商业不比供电、通信、石油，是高度竞争领域，没有人"撑腰"，几家超市一直在进行"肉搏战"。

当地规模最大的一家超市，且叫它本地超市吧。在本地超市对面，是一家浙江人开的超市，叫华兴。华兴和本地超市虽然仅仅一街之隔，但华兴的人气远远比不上对方，于是，华兴从一开始就打价格战，什么东西都比对方便宜一点点。因此很多人都是比了这家再去那一家，甚至比了之后，再杀回来，反正只是一条马路的距离。经济落后的地方，老百姓有的是时间。

你也许会问：华兴卖得这么便宜，一街之隔的本地超市不完蛋了？

本地超市不仅没有完蛋，反而人气越来越旺，生意越做越好，还到本县以外的八个县市开办了多家分店。而在四年前，情况可不是这样。

当时，本地超市生意远没有现在这么红火，东西卖得比较贵，规模也比现在小很多，但由于竞争对手很少，倒也还支撑得下去。只是苦了消费者，说是超市，价格和原来的零售没有什么差别，一样的贵。

一年之后，浙江人来了，他们看中了本地超市对面的国贸，国贸在与本地超市的竞争中败下阵来，浙江人出资，国贸更名为"华兴"。

然而华兴开了之后，消费者依然不买账，生意冷清。浙江人投进来的真金白银眼看着就要付之东流。

无奈，浙江人开始了价格战。他们首先把时令水果和蔬菜的价格降了下来。

萝卜、白菜价格一降，生意立即有了起色，而且浙江老板发现：老大爷、老太太买了便宜的萝卜、白菜，他们还会买酱油、奶粉，买牙膏、洗发水。关键是要把老大爷和老太太吸引进来。

尝到了甜头的华兴，把时令水果和蔬菜的价格降得越来越诱人。

华兴对面的本地超市也注意到了，这个自己曾经的手下败将在更名改姓之后，打起了水果和蔬菜的主意，而且的确吸引了不少的客流。如果坐视不理，很可能会养虎为患，于是，本地超市也开始将计就计。

本地超市首先把水果和蔬菜的价格降到了与华兴同样的水平，效果立即显现。

本地超市还发现，华兴的收银台效率不高，顾客买了便宜东西，如果要排长时间的队，也是要埋怨的。于是，本地超市花了大价钱，专门对收银员进行了业务培训，收银速度大幅提升。

华兴很快发现一些老大爷和老太太专门挑选便宜水果和蔬菜，其他的货品一律跑到对面的本地超市去买，于是，他们又推出一招：一次性购物满 89 元，就送鸡蛋、花生油。这一步棋，又将了本地超市一军。

……

两家超市的"战争"打了3年，还将继续下去。其实两家各有特点，这些年它们也在扬长避短。同时，消费者是不一样的，两家吸引的也是不一样的消费群。华兴决策效率高，价格战打得更坚决更迅速，吸引到了不少中老年顾客。而本地超市找到了自己的优势——规模比华兴大，货品比华兴齐，消费者多为社会地位高、家庭收入高、购物热情高的"三高"人士，一站式服务是华兴无法做到的。

团结起来如果是搞垄断，可能会使诸葛亮变成阿斗，而良性竞争的结果，不仅让消费者受益，也让商家得到了充分的发展。如果没有浙江人来收购华兴，本地超市很可能会继续中庸下去，不可能像今天这样一直发展和前进。

通过这个事例，我们可以看到：团结不是搞垄断，竞争也不是你死我活。

 竞争与合作的关系

竞争和合作都是社会存在与发展的必要条件。所谓竞争，是指个人或群体在一定范围内为谋求他们需要的资源而进行比较、追赶和争胜的过程；而合作则是个人或群体为谋求共同的目的彼此配合的社会行为。

但要判断竞争与合作哪一个更能使文明进步，则要在理论与事实上判断何者更能推进现代社会的发展和刺激个人积极性的发挥，以实现人民共有的目标。

从现代社会的发展趋势来看，社会在新陈代谢的竞争中进步，文明在挑战与应战的循环中发展。经济增长作为竞争性的发展过程，导致组织与组织、国家与国家之间竞争力的变换，你追我赶的发展竞争可使落后成为先进，社会就是遵循这种永恒的竞争法则走向现代，走向未来。

从现实效率与公平的目标看，对个人而言，竞争的前提是人人都有机会参与竞争，其结果必然是优胜劣汰，这就保证了社会公平；竞争的过程就是各尽其能，按劳取酬，这又激励了个人积极性的发挥。

从竞争与合作的内在关系看，竞争是绝对的，合作是相对的。合作以竞争为前提。竞争的压力往往促使人们为了获得更多的资源寻求合作，但合作伙伴的构成与合作策略的确定就必须通过选择，而合作的目的也无非是将每个成员的力量整合为团体的竞争力。

现代社会的存在与发展为竞争提供了良性的社会规则，使竞争在合理有序的条件下顺利进行，从而充分实现其功能。在这个呼唤强者的时代，竞争不仅是对时代的要求，更是对人性的挑战。让我们直面这个竞争的时代吧！

 竞争与团结协作是对立的

有两个人在树林里过夜，突然从树林里跑出一头大黑熊来。

其中的一个人忙着弯腰穿球鞋，另一个人对他说："你把球鞋穿上有什么用？反正我们跑不过熊啊！"

忙着穿球鞋的人说："我不是要跑得比熊快，我只要跑得比你快就可以了。"

故事乍听起来有点无情，但竞争有时候就是如此残酷。毕竟我们面对的世界，是一个充满变数并且竞争非常激烈的世界，跑得快与不快，很可能成为决定成功与失败的关键。"快""好""能干""聪明"其实都是相对的，有的时候知道我们的竞争对手是谁非常重要。

从这个故事可以看出，竞争与合作是对立的。

竞争，是不同对象向同一目标、按同一标准比试高低、优劣，为了自己方面的利益争胜。竞争对象都具有超越意识和敢为人先的进取精神，有压倒竞争对象的决心、意志。

竞争者展现个体价值（素质、能力、水平、业绩），强调竞争个体自主独立，目的是超越竞争对象，有激励作用。竞争有先进性和唯一性，一般没有排他性和对抗性。

合作，是不同对象为了共同目标、目的、利益和愿望而一起工作。不同对象都具有合作意识和要求，强调团结合作，共存、共事、共荣、相互依赖；或共同发挥团队精神，以求整体（集体）优化。既体现个体价值，又需要合作双方或多方共同努力，实现共同价值或群体价值。合作允许相互包容、交叉，没有排他性，有合作共事的主观愿望、客观条件和共同遵守的规则，有融洽和谐的合作氛围（特别是人际关系）。

 竞争与团结协作是统一的

古代有经验的渔夫发现，一群被打捞的懒惰的沙丁鱼，很快会因为静止不动而死亡。如果将沙丁鱼的天敌鲇鱼放入其中，由于鲇鱼会追杀沙丁鱼，给沙丁鱼带来一种危机感，沙丁鱼便会奋力游动，从而避免了窒息而亡。这便是有名的"鲇鱼效应"。

无独有偶，同样的趣事也发生在别的动物之中。

有一座森林公园，曾经养殖了几百只梅花鹿。尽管环境幽静，水草丰美，还有工作人员精心照顾，又没有天敌猎杀它们，但是几年以后，鹿群非但没有发展，反而病的病、死的死，竟然出现了负增长。

后来经专家建议，工作人员买回几只狼放置在公园里，在狼的追赶捕食下，鹿群只得紧张地奔跑逃命。

这样一来，除了那些老弱病残者被狼捕食外，其他鹿的体质日益增强，数量也迅速地增长着。

人天生有种惰性，没有竞争就会固步不前，习惯躺在功劳簿上睡大觉。竞争对手就是追赶梅花鹿的狼，时刻让梅花鹿清楚狼的位置和同伴的位置。跑在前面的梅花鹿可以得到更好的食物，跑在最后的梅花鹿就成了狼的食物。按照竞争规则，"头鹿"获得更好的生存条件，而"末鹿"被吃掉、被淘汰。

竞争不是你死我活，而是与对手合作，共存共荣，这就是竞争与合作的最佳结果。

因此，竞争与合作又是统一的。一般来说，竞争（除生死存亡竞争之外）要求合作。竞争促进合作。从事物的存在与发展的过程看，更多的是彼此共存，相互依赖。合作产生竞争，合作孕育着新的竞争。只有善于合作，借势助力，才能在合作中发展自己，才能增强参与新的竞争的实力。竞争和合作都是促进事物发展的动力。

"商场上没有永远的朋友，也没有永远的敌人。"这蕴含哲理的名言揭示了竞争与合作的辩证关系，竞争不排斥合作。

广告界有句名言："与其被国际化，不如去国际化。"

这些说的都是一个道理。

 ## 竞争中的注意事项

商人中流传着一句名言："如果你不能战胜对手，就加入到他们中间去。"现代竞争，不再是你死我活，而是更高层次的竞争与合作，共存共荣。

那么，在现代社会中参与竞争，我们应该注意哪些方面呢？

（1）克制妒忌。在竞争中，妒忌表现为使用不正当手段打倒实力比自己强的人，或讲别人坏话，不让对手超过自己。竞争的第一忌就是妒忌。在现实生活中，会有一些能力较差，却受了重用的人，这不值得气愤与妒忌，应该客观公正地去评价，不能把社会生活中的一切利害关系夹带进去，带上个人感情色彩。这样才能得出正确结论。

（2）提高心理素质。有竞争就有强弱之分，弱者要承受得住失败的打击。你在这次竞争中失败了，并不说明你在将来的竞争中注定也会失败；你在这方面的竞争中失败了，并不说明你事事不如人。你要克服自卑心理，选好努力的方向，下决心追赶上去才对。自暴自弃的思想不可取。另外，失败者由于败北容易产生忌恨和报复的心理，所以必须学会心态稳定。

（3）提高自信心。人人都有成功的机会，人的一生中充满了各种竞赛和竞争，成功有先后，胜利有迟早，社会总是前进的，所以每个人都应以乐观向上的态度投入竞争。竞争之中保持良好的合作，强盛之后不忘提携幼弱同胞，切不可争一日之长短而有损于自己的素质与品德。有这样一句话值得借鉴："事业上的竞争与做人是不矛盾的，良好的品格修养只会在竞争中有利于你。"

如果对竞争做一个层次划分，最下一层的竞争是为了自己的利益，不择手段，哪怕置别人于死地也不顾；中层的竞争是我不会采用卑劣的手段，但我也不想管你的事，你走你的石板路，我走我的独木桥；上层的竞争是互赢的，竞争者知道追求事业也好，走进生活也罢，没有永远的赢家，只有永远的合作。一个聪明的人在竞争的时候，应该把一种高尚的生活哲学传递给对方，走共同发展的道路。

天高任鸟飞，海阔凭鱼跃。让我们走向竞争天地，在"百舸争流"中超越自我，完善自我。

只竞争不团结的教训

一只青蛙看自己的耗子邻居很不顺眼，总想找个机会教训教训它。

一天，青蛙见到耗子，劝它到水里玩。耗子不敢，青蛙说有办法保证它的安全——用一根绳子把它们连在一起，耗子终于同意一试。

下了水，青蛙大显神威，它时而游得飞快，时而潜到水底，把耗子折腾得死去活来。耗子最后被灌了一肚子水，泡胀了漂浮在水面上。

空中飞过的鹞子正在寻找食物。它发现了漂浮着的耗子，就一把抓了起来。相连的绳子把青蛙也带了起来，吃掉耗子后，意犹未尽的鹞子把嘴伸向了青蛙。

在被鹞子吃掉之前，青蛙后悔地说："没想到把自己也给害了。"

竞争是有规则的，当我们采取了不正当的手段去对付竞争对手的时候，也许我们自己已经踏进了失败的门槛。虽然现在的社会竞争激烈，但是善待竞争者、宽容竞争者、团结竞争者仍然是非常必要的。至于不正当的竞争，那更是害人害己。

 跳棋中竞争与合作的智慧

跳棋是一种可以由二至六人同时进行的棋，棋盘为六角星型，棋子分为六种颜色，每种颜色10或15枚棋子，每一位玩家占一个角，拥有一种颜色的棋子。跳棋是一项老少皆宜、流传广泛的益智型棋类游戏。

43

跳棋的游戏规则很简单，棋子的移动可以一步步在有直线连接的相邻六个方向进行，如果相邻位置上跳棋有任何方的一个棋子，该位置直线方向下一个位置是空的，则可以直接"跳"到该空位上，"跳"的过程中，只要相同条件满足就可以连续进行。谁最先把正对面的阵地全部占领，谁就取得胜利。因为简单有趣，所以很多人都喜欢下跳棋。

下过跳棋的人都知道，6个人各霸一方，互相是竞争对手，大家都想先人一步，将自己的玻璃球尽快移到预定地点。如果你只讲求合作，放弃竞争，一味地为别人搭桥铺路，那别人会先到达目的地，而你则会落后于人，最终落得个失败的下场；相反，如果你只注意竞争，而忽视合作，一心只想拆别人的路，反而会延误了你自己的正事，你还是不会获胜。

不肯合作的后果

西方有个传说，有一位品格很差的老妇人死去了，她一生没做过一件善事。鬼把她抓去，扔到火海当中，守护她的天使站在那儿，想帮她想出她生前做过的一件好事，好去向上帝说情。

天使想了很久，终于想到恶妇人曾在菜园里拔过一根葱施舍给一位老乞丐。于是天使跑去对上帝说了。

上帝对天使说："那好吧，你就拿一根葱去拉她吧。如果能将她从火海中拉出来，她就上天堂。如果葱断了，那个妇人只好在火海中，和现在一样。"

于是天使跑到火海边，把一根葱伸给那个妇人，并对她说："喂，妇人。你抓紧了，等我把你拉上来。"

眼看着就要拉上来了，可火海里的其他罪人也想被拉上天堂。恶妇人用脚踢他们，还说："天使拉的是我，又不是你们，那是我的葱，不是你们的。"

她话刚说完，葱就断了。

后来那恶妇人才知道，其实那根葱本可以拉许多人一起上天堂的，上帝想借此考验一下她，可她没有经受住这一考验。

可怜又可恨的恶妇人正是因为不明白竞争与合作是统一不可分割的，因而不能升入天堂，只能在地狱接受着火海的煎熬。

所以青少年朋友一定要知道团结协作的重要性，不要因生活中夸大的恶性竞争迷失了自己。

 ## 关键时刻团结很重要

东汉末年，曹操部下有五员大将，他们分别是：张辽、乐进、于禁、张郃、徐晃。《三国志》的作者陈寿将上述五人的列传合为一传，并在评论中说道："时之良将，五子（指上述五人）为先。"后人因此称五人为"五子良将"。

有一次，张辽、李典、乐进三人共守合肥。一天，孙权发兵十万前来攻打，张李二人是五子良将之二，同等功绩，以前素有矛盾，但面对强敌，仍能团结互助，共进共退，终于大破敌军。

那么，这三人具体有何矛盾呢？且看下文分析。

李典、乐进是最早跟随曹操的武将，属于元老级的人物，所以对张辽这个晚加入的武将有些倚老卖老的味道。而且，二人是自始至终跟随曹操的武将，而张辽呢，先属董卓，后归吕布，最后才加入曹军，这就更增加了李、乐二将对他的排斥和歧视。

张辽在加入曹军后，从刀劈单于，到射伤黄盖，从计杀太史慈，到守卫合肥，他的风头总是盖过李、乐二人，所以李、乐二人对他还有些嫉妒。

张辽的军职也后来居上，比李、乐二人高，而且张辽和敌手——蜀汉的关羽交情深厚，使李、乐二人更加不满。

下面，我们就可以换位思考，想象我们自己是李、乐二人：

我是一开始就跟随领导的部下，忠心耿耿，经历了创业的艰苦。可是，突然一天，领导却对一个新加入的部下非常重用，授予他比我高的职务，对他比对我要好得多。而且这个部下原来还是敌方的部下，还拥有一个关系密切的敌方朋友。虽然，他的实力确实比我强，确实建立了不少功勋。但是，我就是再好脾气的人、再宽容的人，心理能没有疙瘩么？

再假设，我们是张辽：

我虽然加入晚，并且曾和你们对战过，但是我毕竟以自己的实力和才能建立了比你们大得多的功勋，你们怎么就是看我不顺眼呢？你们凭什么歧视我呢？我是凭自己的本事啊！就算我脾气好，就算我能忍让，你们老是这样，关系搞不好，心里的疙瘩总是有的啊。

不过，事情发展到最后还是可喜的。在兵临城下的关键时刻、面临生死的紧急关头，在将集体利益放在第一位的目标驱动下，张辽、李典、乐进三人终于团结起来，取得了合肥之战的伟大胜利。经历了这次大战，他们的关系一定会变得非常紧密。一次重大事件的发生，往往能改变很多东西。尤其是战争，战友在共同目标的驱动下，会永远地消除以前的恩怨。

战友——这是一个崇高的、伟大的称呼！

张辽将军、李典将军、乐进将军，你们是好样的。

政敌之间的竞争与团结

管仲和鲍叔牙年轻时就是很要好的朋友，他们经常在一起，都很了解彼此。后来，他们都在齐国做官，管仲辅佐齐公子纠，鲍叔牙辅佐齐公子小白，两人各事其主，并没有什么特别的竞争关系。不过，事情很快发生了变化。

后来，齐国宫廷发生内乱，为避祸端，管仲和召忽护送公子纠到了鲁国，鲍叔牙护送公子小白投奔莒（jǔ）国。公元前685年春，齐国国君被人杀害，公子纠和公子小白之间发生了一场争夺国君位置的激烈的政治斗争。此时，管鲍二人的政治立场是截然不同的，可以称之为"政敌"。

公子纠在鲁国的支持下，日夜兼程赶回齐国，并派管仲带兵在莒国通往齐国的路上拦击公子小白。

管 仲

双方遭遇，公子小白没有多少兵马，抵挡一阵之后，只好逃命，管仲毫不客气，上前追杀，张弓搭箭，一箭射中小白，幸亏箭被腰带挡住，小白才免于一死。公子小白借势咬破舌头，喷出一口鲜血，倒在地上佯装被射死。管仲被小白蒙混过去，对他的死深信不疑，便带兵护送公子纠回齐国去了。鲍叔牙开始是紧随小白左右的，混战之中他与小白被打散了，管仲走后，他找到了小白。这时，小白因伤痛晕了过去，鲍叔牙也以为小白死了，伏尸痛哭。小白被鲍叔牙左右摇动，苏醒过来。鲍叔牙见状，悲喜交加，连忙把小白扶起，解下那救命的腰带，召集所剩随从，抄小路率先赶到齐国都城，夺得了君位。公子小白就是齐桓公。那时，齐强鲁弱，公子小白即位后，逼鲁国杀了公子纠，引渡管仲，这场争夺王位的斗争才宣告结束。

鲍叔牙辅佐齐桓公取得了君位，国相这个职务当然非他莫属了。但是，当齐桓公任命他为国相的时候，他一再推让并力荐他的竞争对手管仲。鲍叔牙对齐桓公说："您如果仅仅打算把齐国治理好的话，有我等一班人辅佐就足够了，但如果您想使齐国强大，称霸诸侯，那就非管仲辅佐不可。"

齐桓公问："为什么呢?"

鲍叔牙说："我有五点不如管仲。对人民宽厚仁爱，使他们能够丰衣足食，我不如他；治理国家能够维护国家尊严，不丧失国家主权，我不如他；团结人民，并使他们心悦诚服，我不如他；根据礼义原则制定政策，使所有人都能共同遵守，我不如他；临阵指挥，使将士勇往直前，我不如他。而这五个方面，正是执政者所不可缺少的啊!"

齐桓公本来是要亲自处置管仲的，但是，听了鲍叔牙的介绍后，他不计一箭之仇，任命管仲为大夫，后又拜他为上卿，主持国家政务。

齐桓公

管仲果然不负所望，他"相桓公，霸诸侯，一匡天下（管仲辅佐齐桓公，称霸诸侯，扭转了天下的混乱局面）"，维护了中原地区的社会安定。就连孔子也不得不称赞他说："没有管仲，现在我们大概都要披着头发，穿着敞开衣襟的衣服，成为野蛮人了。"

鲍叔牙对管仲一贯的照顾、关心和爱护，管仲心里是清楚的，也非常感激他。管仲说："我当初贫困时，曾经与鲍叔牙一起做生意，在分财利时，我总要多分一些，但鲍叔牙并不认为我贪财，他体谅我家里穷，需要钱用；我曾经帮助鲍叔牙办事，结果事没办成，但鲍叔牙并不认为我愚蠢无能，还常常宽慰我；我曾经三次做官，三次被君主罢免，但鲍叔牙并不认为我没有才干，而是认为我没有碰上识才的君主；我曾经三次打仗，三次败逃开了小差，但鲍叔牙并不认为我怯懦怕死，他知道我有老母在家，需要照顾；公子纠和公子小白争夺君位，公子纠失败被杀，当时我和召忽都侍奉公子纠，召忽为保全气节自杀了，而我却被囚禁起来，忍受屈辱，但鲍叔牙并不认为我不知羞耻，他知道我不羞于小节，而以功名未显扬天下为羞耻。生我的是父母，而真正了解我的是鲍叔牙啊！"管仲说的这段话如果以我们今天的评价标准来衡量，当然问题不少，比如说，打仗开小差，怎能以家中有老母亲需要照顾为理由呢？但是，这段话也可以给我们一些启示，任何人都是有缺点的，看一个人要看他的本质和主流，做到量才使用。两千多年前的鲍叔牙就知道这个道理，极力推荐管仲，为齐国的强盛做出了卓越的贡献。

管仲被任命为上卿后，鲍叔牙心甘情愿位居管仲之下，所以，当时以及后世不仅称赞管仲的才干，而且更加称赞鲍叔牙的识才让贤。后来，管仲与鲍叔牙竞争中仍友好合作的友谊被视为知己的典型。

如何处理竞争与合作的关系

竞争与合作的辩证关系到底如何？

竞争和合作构成人生和社会生存和发展的两股力量。

（1）竞争中有合作，合作中有竞争，竞争与合作是统一的，是相互渗透、相辅相成的。

（2）竞争是有层次的。小到个人与个人之间的竞争，大到国与国之间的竞争。竞争层次的客观性决定了无论何种竞争都离不开合作，竞争的基础都在于合作。

（3）竞争和合作是辩证统一的。没有合作的竞争，是孤单的竞争，孤单的竞争是无力量的。合作是为了更好地竞争，合作愈好，力量愈强，成功的可能性自然就愈大。

竞争与合作是辩证统一的关系。所谓辩证统一就是相互渗透，相互作用。

那么，在竞争与合作中，如何正确处理两者之间的关系呢？

（1）处理好个人与集体的关系。

任何竞争与合作，归根到底都离不开个人的努力。没有个人努力的集体，是缺乏生机活力的松散集体；没有集体价值导向的个人努力，是各行其是、力量内耗的个人努力。这都限制了个人积极性的发挥，还可能使个人努力背离集体利益而误入歧途。因此，要正确处理好个人和集体的关系。

（2）处理好自己和他人的关系。

事实上，无论是竞争还是合作，都要处理好自己与他人的关系。要会欣赏别人，发现别人的长处，虚心地向别人学习，才能在竞争中超过别人。也只有这样才能愉快地接纳别人，才会获得别人的好感，找到合作伙伴，在合作中成功。所以，要处理好自己与他人的关系。

（3）处理好主角和配角的关系。

主角要担任主要责任，充分调动配角的个人积极性；配角要胸怀大局，密切配合，当好配角。那种互不服气、斤斤计较个人得失的思想是很有害的。以整体利益为重，以工作为重，才能成功。所以，要处理好主角与配角的关系。

人与自然的竞争与合作

现代社会是一个竞争与合作的社会，现代人不仅应具备竞争意识，更应具备合作意识。一方面，要保持独立的个性意识，自强、自立；另一方面，更要有集体观念和团队精神及可持续发展的战略眼光。此外，人类与自然、人类与社会之间要做到共存、共荣，共同积极地营造一个融洽和谐的竞争环境，从而更好地发挥个体的智慧和创造力，促进个人人生目标的实现和团体事业的成功，最终实现社会经济发展和人口、资源、环境相协调。

在人类共有的这个生存环境中，资源是有限的和共享的，所以人与自然之间的和谐相处是人类社会进步发展的必然选择。淹没在漫漫黄沙之下的美索不达米亚平原和楼兰古国在警示人们：不尊重自然，违背客观规律，必然遭到自然界的"报复"。

我国是矿业大国，矿业开采、经济增长不能以浪费资源、破坏环境和牺牲子孙后代利益为代价。我们"需要金山银山，更要绿水青山"，在发展过程中不仅要尊重经济规律，还要尊重自然规律，充分考虑资源、环境的承载能力，加强对土地、水、森林、矿产等自然资源的合理开发和利用，保护生态环境，促进人与自然和谐相处，实现可持续发展。

在矿业发展中，我们要坚决禁止无序开采、破坏自然的做法，坚决摒弃先破坏后治理、边治理边破坏的做法，这是贯彻落实科学发展观，谋求人与自然和谐相处的生动写照。

随着经济的迅猛发展，个人之间、群体之间的竞争都呈现越来越激烈的态势，但与此同时，人们对合作的要求也越来越多，合作也越来越紧密。既竞争又合作，在竞争中合作，在合作中发展，成为我们这个时代的特点。

所以，我们在这样一个新的时代应该学会做到：不但要积极与伙伴合作，也要勇于与竞争对手合作并从中获益。现代竞争，不再是"你死我活"，而是更高层次的竞争与合作，现代企业追求的不再是"单赢"，而是"双赢"和"多赢"。

马克思说得好，协作不仅可提高个人的生产力，而且是"创造一种生产力"，产生一加一大于二的神奇效果。

美国可口可乐公司与百事可乐公司曾为了争夺市场而展开了长达半个世纪的激烈竞争。可它们的竞争是"未必要打倒敌人"。当大家对百事可乐—可口可乐之战兴趣盎然时，双方都是赢家，因为饮料大战引起了全球消费者对可乐的关注，大家都来喝可乐。可乐大战给人们的启迪是："消灭"对手并非是促进自身发展的唯一途径。在有些情况下，接受对手的存在并善待对手，也同样能够促进自身的发展。

所以说，竞争中需要合作，竞争与合作既对立，又统一。二者相互渗透，相辅相成。竞争不能忘合作，没有合作的竞争算不上是积极向上的竞争。只有既竞争又合作，我们的事业才能取得成功，经济才能繁荣，社会才能走向生产发展、生活富裕、生态良好的文明发展道路。

 竞争对手存在的意义

在秘鲁的国家级森林公园，生活着一只年轻的美洲虎。由于美洲虎是一种濒临灭绝的珍稀动物，全世界当时仅存 17 只，所以为了很好地保护这只珍稀的老虎，秘鲁人在公园中专门辟出一块近 20平方千米的森林作为虎园。然而，让人感到奇怪的是它并未王者之气十足地纵横于雄山大川，啸傲于莽莽丛林，甚至未见它像模像样地吼上几嗓子。人们经常看到的是它整天呆在装有空调的虎房里，或打着盹儿或耷拉着脑袋，睡了吃，吃了睡，一副无精打采的样子。

后来，管理员们从别的动物园引进了几只豹子投进了虎园。这一招果然奏效，自豹子进了虎园的那天起，这只美洲虎就再也躺不住了。

它每天不是站在高高的山顶愤怒地咆哮，就是有如飓风般俯冲下山岗，或者在丛林的边缘地带警觉地巡视和游荡。美洲虎那种刚烈威猛、霸气十足的本性被重唤醒。它又成了一只真正的猛兽，成了这片广阔的虎园里真正意义上的森林之王。

一种动物如果没有对手，就会变得死气沉沉。同样的，一个人如果没有对手，那他就会甘于平庸，养成惰性，最终导致庸碌无为。一个群体如果没有对手，就会因为相互依赖的潜移默化而丧失活力，丧失生机。

美洲虎因为有了豹子这样的对手，才重新找回了逝去的光荣。有了对手，才会有危机感，才会有竞争力。有了对手，你便不得不奋发图强，不得不革故鼎新，不得不锐意进取。否则，就只有等着被吞并，被替代，被淘汰。许多人都把对手视为是心腹大患，是异己，是眼中钉、肉中刺，恨不得马上除之而后快。其实只要反过来仔细一想，便会发现拥有一个强劲的对手，反倒是一种福分，一种造化。因为一个强劲的对手，会让你时刻有种危机四伏的感觉，他会激发你更加旺盛的精神和斗志。

善待你的对手吧！千万别把他当成"敌人"，而应该把他当作是你的一剂强心针，一个推进器，一个加力挡，一条警策鞭。善待你的对手吧！因为他的存在，你才能永远做一只威风凛凛的"美洲虎"。

团结协作中的沟通问题

协调个人与他人的关系

每个人都生活在人群中，工作、学习、娱乐都要与别人接触、交往。怎样对待他人，可以展现一个人的性格特征。在对待他人的态度中，一个核心的问题是个人对集体的态度，因为我们每个人都处于一定的集体中。一个热爱集体的人，他会对集体中的其他个体也表现出友爱、关切和尊重；而一个对待别人冷漠、傲慢的人，也难以真正热爱集体。可以说，对集体的态度是待人态度的集中反映。

为了隆重庆祝英国足球联赛举办一百周年，伦敦的温布利球场举行了一场世人瞩目的足球表演赛，结果，英国选拔队以3比0战胜了由世界著名球星马拉多纳、普拉蒂尼等组成的世界明星队。论个人技巧，明星队个个精湛娴熟，可谓是珠联璧合，场上也不乏上佳表演。但何以未能攻破对方的球门，反而连失三球呢？原因在于整体配合欠佳。

像足球这样的集体运动，不处理好队员与球队的关系，是很难取胜的。在第12届世界杯足球赛上，阿根廷队过分强调"球星"的作用，结果被淘汰；在第13届世界杯赛上，他们以前车之覆为鉴，既注意发挥"球星"的作用，又重视球队的整体配合，马拉多纳的中场拼抢，巴尔达诺的锋线频繁冲击，布鲁查后卫线上的前呼后应，使马拉多纳大放异彩。所以，比托尔多教练说："这一次我们是靠集体的力量赢得世界冠军的。"

我国的许多优秀运动员都是深谙此理的。"铁榔头"郎平常说："在场上我只是六分之一，在场下我只是集体的一员。""我每一次成功的重扣，无不包含着同伴们的努力。"事实确实如此，如果二传不到位，其他队友不配合、掩护，郎平就会"孤掌难鸣"。即使像乒乓球这类重于个人竞技的运动项目，也离不开集体。世界冠军们不是常这样说吗："荣誉应该属于大家，属于那些用心血和汗水把我们扶上冠军宝座的无名英雄。""冠军是靠集体力量得来的，不能记在个人的账本上。"

　　"球星"与球队的关系，是个人与集体关系的写照。这个"关系"关乎我们每个人，小至日常的生活、学习，大至"两个文明"的建设。个人是集体的一分子，个人既有赖于集体，又要在集体中积极发挥作用。个人也只有融于集体之中，才能有力量，才能充分施展自己的聪明才智。集体是由若干个个人组成的。但这不是简单的凑合，而是有机的结合。这"合"的方式大有讲究。比如，同样是碳原子（C），既可构成用作研磨切割材料的金刚石，又可构成制作铅笔芯的石墨，两者的差距多显著呀！自然界尚且如此，更何况有血有肉有思想的社会人呢？

　　从个人来说，首先要树立集体观念。其次，摆正个人在集体中的位置，个人为集体争荣誉，集体为社会做贡献。每一项重大的发明创造，每一项成就的取得，无不是这样得来的。

　　1981年，我国科学工作者首次人工合成核糖核酸，有人把它形象地喻为"金字塔"，参加课题的有北京和上海的6个单位140多人，历时13年。西方国家的一些生物学家感慨地说："这样大的课题，只有社会主义中国才能这么快地聚兵攻坚。"确实如此。这一课题的参加者，无论是担任实验工作、管理工作，还是后勤工作，大家都密切合作，尽心尽力，他们说："没有坚实的基础，盖不成高楼大厦，只要我们工作做得好，配角也能在威武雄壮的戏剧中起重要作用。"他们中有的白天做实验，夜晚翻译资料；有的为了探索最佳的测试方案，通宵达旦地查阅文献；有的连续工作几十个小时，吃饭、睡觉都不离开实验室；有的放下了个人可以出论文的课题；有的放弃了出国进修的机会；有的冒着眼睛失明的危险。大家共同努力，使我国的这一研究进入了世界先进行列。

英国物理学家卢瑟福说过："科学家不是依赖于个人的思想，而是综合了几千人的智慧，所有的人想一个问题，并且每个人做一部分工作，添加到正建立起来的伟大知识大厦之中。"青年人有理想、有抱负，都希望自己有所作为，这是很可贵的。但有时往往不恰当地估计自己，以为强调集体会妨碍个人才智的发挥；有时又过于依赖集体，降低或放松对自己的要求，不注意在集体中发挥个人的作用。事实上，个人与集体是互为作用的整体，没有个人就无所谓集体，没有集体个人也就失去了依托。拿破仑在征服了欧洲，登上阿尔卑斯山的时候，曾经骄傲地宣称：我比山高。可是，他却忘记了，如果没有身后成千上万的法国士兵，他绝不会在战场上创造出任何奇迹。奥斯特洛夫斯基说得好："谁若认为自己是圣人，是埋没了的天才，谁若与集体脱离，谁的命运就要悲哀。集体什么时候都能提高你，并且使你两脚站得稳。"

 ## 客观评价他人有利团结

"看人"是"待人"的前提。倘若连看都看不准，还谈什么正确相待呢？人是社会的人，看准谈何容易，旧时不就有"知人知面不知心"之说么？其实，"不知心"怎能说"知人"呢？青年人涉世不深，看人往往失之偏颇，表面化、绝对化、感情化便是其主要表现。当然，这些问题并非青年人所独有的，不少都是"古已有之"的。

比如，表面化、"以衣取人""以貌取人""以言取人"，样样都有。当初，刘邦"不好儒"，对知识分子很反感，甚至对于"衣儒衣"、"冠儒冠"的来者都拒绝接待，有的还被他当众侮辱一番。有鉴于此，"儒生"郦食其说自己是"高阳酒徒"才见到刘邦，他说："夫足下欲兴天下之大事而成天下之大功，而以目皮相，恐失天下之能士。"幸好刘邦听了他的话，改掉了"以目皮相"的毛病，终于令贤人能士纷纷来归，共襄汉代帝业。

东汉末年的庞统，人称"凤雏先生"，是与诸葛亮齐名的人物。但由于其貌不扬，"浓眉掀鼻，黑面短髯，形容古怪"而屡遭冷遇，孙权不用他，刘备开始只让他当来阳县令。刘备后来听了"特派员"张飞的报告，才克服了"以貌取人"的毛病，改封其为副军师中郎将。

"真正的牧马人"曲啸，在一次报告中曾谈到过这么一件事：有一年，他从成都坐火车到北京，一上车，碰到一男一女两个青年人，打扮时髦，言谈举止也很时髦，搂搂抱抱，打打闹闹。他觉得"有点过分了"，"不像话"。后来，火车到了一个车站，洪水把桥冲塌了，旁边山上掉下一块房子大的石头，正好砸到前面的车厢上，伤了不少人。这时，车厢的门都关上了，打不开，那个小伙子却打开窗户，蹦了下去，帮着列车员、乘警把受伤的旅客抬到一间小房子里。末了，小伙子又从窗户爬了进来，手上还有血污。曲啸说："这一路他给我的印象是'不像话'，而遇到特殊情况时，他却能冲上去，表现出他思想内在的闪光点。于是，我又感到他了不起。"一个小伙子，集"不像话"与"了不起"于一身，不是挺有意思么！

人是活的，是一个综合体，有形形色色的点和面。这些都是由一个人的生活环境、经历、性格、年龄等因素合在一起形成的。这些因素优劣交错、千差万别，人与人之间各不相同，也无须相同，

"千人一面"就不称其为社会了。所以，人都是长短互见、优劣共存的，而且，在一定的条件下，还会向相反的方面转化，大可不必"攻其一点，不及其余"。"一好百好"也不科学。表与里的关系是辩证的，不观表无以察里，要察里必须观表。夏伯阳，原是一个游击习气极浓的旧式军人，酗酒、骂人、厌恶思想政治工作，屡屡冷落甚至戏弄党组织派去的政委，但他骁勇善战，指挥有方，临危不乱，体贴士兵，后来终于摒弃旧习，成为苏俄国内战争时期著名的红军指挥官。光盯着夏伯阳的过去，能正确对待夏伯阳么？

看人，尤其是看青年人，要有发展的眼光，即使眼前毛病多一点，也没有什么可大惊小怪的。关键在于我们要正确地看待他们，热情地帮助他们，晓之以理，动之以情，疏之以道，导之以标。古希腊唯物主义哲学家德谟克里特说："不要对一切人都以不信任的眼光看待"。对暂时处于先进分子行列之外的人，尤其如此。青年盛其顺，原是个"比挣钱""吃亏的事决不干"的人，后在老山前线血与火的战场上，"比战绩，比贡献。我不认为自己残废了就是吃亏。从他的话和行为来看，前后简直判若两人！这同解放军不用"不信任的眼光"看待他是分不开的。倘若把他看"死"，他非但成不了一等功臣，恐怕连上战场的份儿都没有。客观看待他人，团结一切可以团结的力量，就是具有这种神奇的力量。

"不要以不信任的眼光看待人"，一要看到别人的优点、长处，予以充分肯定；二要对他人的不足之处提出诚挚的批评，帮助他改正，并相信他能够改正。"人要完人"，是不信任的症结所在。美国作家霍桑在短篇小说《胎记》中描写了这样一位科学家，他的妻子如花似玉，婀娜多姿，但他从她脸上挑出了一个从娘胎里带来的特殊的很小的嫣红斑痕，尽管"无碍观瞻"，但他认为它破坏了美色的魅力，要"把面颊改善到十全十美、毫无瑕疵"，他研制了药水让妻子外用、内服，当斑痕最后褪尽时，美人也呜呼哀哉了。这个故事是很发人深省的。

青年人团结协作最忌感情用事，讲"哥儿们义气"，弄得是非不分，因为不会看人，甚至同流合污。所以，青年人要学会客观看人，这不仅可以很好地帮助你与别人相处或者合作，而且有利于你的成长。

 ## 协作中要避开无谓的争论

"永远避免当面冲突。"几年前，A君在一场宴会中得到一个宝贵的教训。

罗君从美国取得博士学位回来，有一晚A君被邀请参加一个部门欢迎罗君的宴会。席间，坐在A君旁边的一位同事讲了一个自出的笑话，引用了一句名句。

这位同事说这是《圣经》上的名句，他错了。A君知道这句名句的来历，想表现出自己比同事知识丰富，便毫不客气地纠正同事。同事勃然大怒："什么？那句话出自莎士比亚，不可能的，真是笑话。"坐在另一旁的A君的老板高先生，他对莎翁的著作是很有研究的。因此，A君和那位同事都同意向高先生请教这个问题。高先生听了原委，在桌下暗暗地碰了A君一下说："A兄你错了，这位先生是对的，这是出自《圣经》上的。"

宴会结束回家的途中，A君对高先生说："说实在的，那句话是莎翁所说的。"

"是的，在莎翁的《哈姆雷特》第五幕第二节上。但是你知道我们是一场盛大宴会的客人，团结、友爱、和谐的气氛很重要，你又何必去证明一个人的错，那样会使他喜欢你吗？何不让他保全面子？他并未问你的意见，何必同他争辩？记住，永远避免当面的冲突。"高先生这样回答A君。

"永远避免当面的冲突"，说这话的人虽已去世，但是给人们的教训却仍存在。

十有九次，辩论终了之后，每个参与辩论的人都比以前更坚信自己是正确的。

你无法从辩论得胜，你也不可能胜。因为如果你失败了，你就是失败，反之你得胜了，你还是失败的，为什么呢？因为假如你胜过对方，将他的理由驳倒，并证明他是错误的，然后怎么样？你觉得高兴，但是对方呢？你使他觉得低弱，你伤了他的自尊心，他会恨你，以此反对你的胜利，而且——"一个人被反对自己的意见说服之后，必仍然固执着他本来的意见。"

有一家人寿保险公司，为职员订下了一条规则："不要跟顾客辩论。"真正的推销术，不是辩论，亦不是近似辩论的，人的思想绝不是可以这样轻易改变的。

从争辩中获得的胜利，是没有什么益处的，而且会破坏双方的情谊。争辩不仅使个人的精神、时间、身体都蒙受了莫大的损失，并且最大最可怕的影响在社会关系上，即因争辩而发生不合作的现象。社会减少了合作能力，进步自然也有了限制。许多国际间的纠纷，以至战争的爆发，大多数都由琐屑事情的争辩所造成的。

喜欢争辩的人，表示他是自尊自主的。避免跟人争辩最聪明的方法，就是同意对方的主张，不必管他的意见是如何可笑，如何愚笨，如何浅薄，用礼貌回答他，你无条件地赞成他的意见，佩服他的见识和聪明。然后你立刻避开他。在不必要的时候，你不要跟他交往。你要获得胜利，唯一的方法是避免争辩。你抱着不抵抗的主义，让向你进攻的人自动地停止他的策略，让你的精神保持着，不能耗费于无用的争辩中。不但避免普通的争辩是可能的，想要避免有目的进攻的争辩挑战，也同样有可能。你的心中只需记住：用宽容解仇，仇可立即解除；以仇易仇，仇可更深。

牛会生蛋吗？你不妨这样回过："哦，有这样的事吗？只是我的见识太浅，并不曾有过这种经验。"如你发觉他的来意是挑战，那么，你应该平静地回答："是的，牛会生蛋，我不怀疑，不过我却不曾见过。"你听了一个你认为不是真理的理论，你尽可把它交给命运去检验，对方的话语和幼稚，让自然去揭发他。

以争辩阐明真理，那是没用的，而且这错误在于你。林肯总统劝诫他的下属说："你们的工作，难道不够繁忙吗？为什么还有多余的时间去与人们争辩呢？况且相互争辩，总是得不偿失。举个例子来说：我们去和毒蛇争一条路，究竟是不是值得呢？我觉得你应该立即让开，否则，你如果被它咬上一口，即使你立刻把它打死，你也得不偿失了，你的生命将受威胁。"

一般所谓讨论，是以理智为出发点，而争辩完全属于情感的。你在和人家讨论以前，你得先考虑一下，这件事是否有讨论的必要，对方是不是可以民主讨论的人。倘使你认为是可能的，那么，你便叙述你的意见，但是希望你能注意这几点：（1）问句必须清晰明确；（2）叙述简单；（3）用词流利简洁；（4）语句动听。双方的讨论，万一有涉及意气或感情的时候，你应立即停止。即使对方与你争辩不休，你也应当坚决地终止这次讨论，因为感情的冲动，争吵是一发而不可收拾的，你要保持情谊，那么不如暂时牺牲一下个人的主张。反正真理总是不可泯灭的，你应当有理智。

有的时候，争辩是不可避免的。在争辩的时候，大家几乎忘了理智，单纯受着感情的支配，每个人的心里，都会发出下列的感情冲动：你是笨蛋，你以为你聪明，你根本是无知，你的知识太浅，经验不足，你经常上当受骗，从不肯认错，你是固执的家伙，你只知道无理取闹、强词夺理。但是，很多时候争辩双方只是在闹脾气，绝对没有理智，双方意气用事，任凭气愤感情支配自己，甚至牺牲多年的友谊。

要记住，争辩时的表现，实在已经超越了常态。而这种感情的表现，是有害处而没有一点益处的。许多聪明的人，知道争吵无益，于是用各种聪明的方法来解决和对方的争辩。他们用一种开玩笑的方式，使争辩变成胡闹，使大家都一笑置之。

开玩笑的方式，是对付争辩的聪明方法，如："你说的话，都是真理，只有一点，我觉得……""当然我明白你完全正确，可是还有一层……" "你的意见和我完全相同，不过有一点小地方……""我承认你完全是对的，可是要说服大众，却……""你所发表的意见，我完全同意，只是如能在小节上再加以考虑……"因为争辩就是争胜，你想要化解争辩，就要让对方感到高兴，不失面子。

争辩会持续下去的主要原因就是步步进逼，使对方恼羞成怒，这样只会让争辩剧烈得不堪收拾。如果辩论不能完全避免的话，许多时候，我们为了正义，为了利益，会不惜进行激烈的舌战，并且坚持到底，使对方完全赞同自己的意见。这样的舌战只适用于科学家们对于科学技术的争论，及适用于国与国之间的争论，在这种情境下，是要争到底的，但这不适用于人际交往。

日常的许多事情，没有几件是值得我们要拿友谊的代价去争取胜的，而你却偏偏要这样做。这样做只能说明你的精神和时间不值钱，更不要说对感情的损害了。除非彼此都有虚心的姿态，不存在半点成见。除了在某一个问题上真诚讨论之外，一切争辩都应该避免，即使这是一个学术性的争辩。你不要以为学术性问题的争论，是发扬文化精神的表现。

哲学争论了两千余年了，胜负还有待时间证明；心理学的争论也至少有几百年，现在仍然不分高低。你可以著书发表你的主张，但是不可在谈话中唇枪舌剑。才智是令人敬佩的，但不是好胜，而且，你应该听过"大智者足"吧！修养高深的人，是绝不会与人计较的。

你喜欢和人争辩，是否以为你用议论压倒了对方，就会得到很大的利益呢？你要明白，你肯定不会压倒对方。即使对方屈服了，心里也必然会悻悻然。你一点儿好处也得不到，而害处却多了：第一，它使你损害了别人的自尊心，因而别人对你产生反感情绪；第二，它使你容易犯上专门挑剔别人缺点和不足的错误；第三，它使你积久变成骄傲，自以为聪明；第四，你将因此失掉一切朋友，内外交困，备受众责。

请你从体育比赛中做起吧。输了，不必引为可耻，而后，竭力学习尊重别人的意见，友谊第一，比赛第二。好胜是大多数人的弱点，没有人肯自认失败，所以，一切争辩都是不必要的。谈话的艺术就是提醒你怎样游出这愚蠢的漩涡，更清醒地去应付一切谈话。如果能够做到尊重别人的意见，你的意见也会被别人尊重的。如此，你所主张的，就会很容易得到人们的拥护，你也不必把精神花在无益的争论上了。你可以实现你的主张，你可左右别人的计划，但不要用争辩的方法来获取。如果你想借着某一问题增加你的学识，你应该虚心地请教，而不是借助争辩。请记住：争辩是一场无期的战争，一百年，五百年，两千年……结果都无法分晓。

用质问式的语气谈话，易使人的感情受伤害。许多夫妻不那么和睦，兄弟不团结，同事交恶，大多是由于一方喜欢用质问式的态度来与对方谈话所致。有这种习惯的人，多半是胸襟狭窄、吹毛求疵、好与人为难的人，或者是脾气古怪，或者是自大好胜，所以，即使是谈话的一个细节，也能体现一个人的品格。

除遇到辩论的场面，质问也是大可不必的。如果你觉得意见不一致，不妨立刻把你的意见说了，何必先来个质问，使对方难堪呢？有些人爱用质问的语气来纠正别人的错误，先质问，后解释，犹如先朝对方打了一拳，然后再向他解释一样。这多余的一拳，足以破坏双方的感情，将被质问的人弄得不知所措，自尊心受到巨大的打击。如果对方也是个脾气不好的人，必定恼羞成怒，与你发生剧烈的争论，致使双方感情破裂，难以维持友谊和团结。

 拒绝和批评不要使人难堪

在日常的工作和生活中，很可能会遇到下列的情形：一个品行不良的熟人来缠住你，非要你借钱不可，但你知道，如果借给他便是肉包子打狗——一去不回头；一个相熟的商人向你兜售物品，你知道买下了就要吃亏。诸如此类的事你必定加以拒绝，可是拒绝之后，就要断绝交情，引人恶感，被人误会，甚至种下仇恨的因素。

要避免这种情形发生，唯一的方法便是要运用智慧。

这里列举几种既有利团结，又不失礼节的拒绝方式，供你借鉴：

（1）尽可能以友好、热情的方式表示拒绝。

一位青年作家想同某大学的一位教授交朋友，以便今后在文艺创作和理论研究方面携手共进。作家热情地说："今晚 6 点，想请你在海天楼餐厅共进晚餐，我们好好聚一聚，你愿意吗？"事情真不凑巧，这位教授正忙于准备下星期学术报告会的讲稿，实在抽不出时间。于是，他亲切地笑了笑，又带点歉意说："对你的邀请，我感到非常荣幸，可是我正忙于准备讲稿，实在无法脱身。十分抱歉！"他的拒绝是有礼貌而且愉快的，但又是那么干脆。

（2）避免只针对对方一人。

某造纸厂的推销员去某大学推销纸张。推销员找到他熟悉的这个大学的总务处长，恳求他订货。总务处长彬彬有礼地说："实在对不起。我们学校已同某国营造纸厂签订了长期购买合同，学校规定不再向其他任何单位购买纸张了，我应该按照规定办。"这里，总务处长讲的是任何单位，就是在说明这不是针对这个造纸厂。

（3）让对方明白你是赞同的。

黄女士在民航售票处担任售票员，由于经济的发展，乘坐飞机的旅客与日俱增，黄女士时常要拒绝很多旅客的订票要求。黄女士总是带着非常同情的心情对旅客说："我知道你们非常需要坐飞机。从感情上说我也十分愿意为你们效劳，使你们如愿以偿，但票已订完了，实在无能为力。欢迎你们下次再来乘坐我们的飞机。"黄女士的一番话，叫旅客们再也提不出意见来了。

苏联电影《列宁在1918》中有这样一个情节：苏联社会主义文学的奠基人高尔基，由于他对反动的资产阶级知识分子的本质认识不足，怀着过于慈善的心肠来找列宁论理，说不能镇压知识分子。列宁巧妙地借一位工人的嘴，说明如果不镇压那些顽固坚持反动立场、替沙皇做帮凶的知识分子，苏维埃政权便一天也不能维持下去。列宁的劝说既有说服力，态度又诚恳，使高尔基心悦诚服。临别时他还对列宁说："列宁同志，您真行，批评了人，还让人高高兴兴地走。"

怎样才能像列宁那样，做到批评人还使人口服心服？批评时该说些什么？又该怎么说呢？这和批评的内容及批评的方式有关。

首先谈谈批评的内容。

（1）批评要有针对性。

批评之前要认清批评是针对哪一种行为的。不要把话说得太笼统，避免使对方无端受到冤枉或产生矛盾。如某大学的一名班干部批评一位同学，可有两种说法：①你怎么一点儿也不关心集体。②你已经有两个月没做值日生了。我们可以比较一下这两个批评的句子。第①句说得太笼统，而且把对方说得一无是处，全盘否定了对方。失于笼统，也就不够确切了，对方可举例反驳："我怎么一点儿也不关心集体，上次秋游活动我不也参加了吗？那天班级拔河比赛，我不也在啦啦队里吗？"这样一来，就会引起新的矛盾。第②句就比较好，没有用"一点儿也"这样绝对的话，就事论事，向对方指出一种确有其事而又不应该的行为。受批评的人不认为是受了不公平的攻击，就容易心平气和地接纳意见。

（2）衡量改正的可能性。

如果在公共汽车上有人踩了你一脚，如果你未满 10 岁的儿子把饭碗打破了，这些事应不应批评？这些事都不能动辄批评。别人踩了你，是因为公共汽车上太拥挤；儿子打破碗是因为不小心。应采取宽容、安慰的办法。

认清了要批评的那件事，在批评之前还必须衡量一下对方是否有能力、有条件改正到你所要求的程度，也包括是否有了这个觉悟以及觉悟的程度。

（3）指出"错"时，也指明"对"。

大多数的批评者，往往是把重点放在指出对方"错"的地方，但却不能清楚指明"对"的应怎么做。你必须仔细想明白你究竟要对方怎样做，该怎么把话说出来。有的人批评别人说："你非这样不可吗？"这是一句废话，因为没有实际内容，只是纯粹表示不满意。又如一位丈夫埋怨妻子说："家里一团糟，又有客人要来，你怎么只管坐在那儿化妆？"这种话也不会起作用，因为到底期望妻子怎样做，一句也没有提。应该这样说："客人要来了，你帮我去买点青菜和水果，然后将客厅里的报纸收拾一下，好吗？"

说明要求做的事，其实是为对方指出改正的方向，让对方从另一个角度来了解批评的内容。

确定要说的内容后，批评的方式就是关键。就是说，要以最易于让别人接受的方式来表达自己的意见。

批评人不能用斩钉截铁的语气，过于肯定的语气使人难以接受，容易让人产生逆反心理，别人一听就会采取自卫的态度。

正确的表达方式，应当只表明你说的话是个人看法，并不见得是绝对事实，仅为对方提供参考。这样，对方比较能听得入耳，甚至有兴趣了解你为什么会有此看法。有了这种交流，就不致陷入各持一论的争吵。

怎样才能达到这种效果呢？说话时别忘了用"我"字。例如，一位女工对她的工友说："你这套时装，过时了，真难看。"这不过是个人的主观意见，别人未必有相同的结论。这位女工的话可改为："我看你这套时装有点过时了，你说好看不好看？"用"我"字还有一个好处——既然强调的是自己的看法，批评者会更富责任感。

多说赞许他人的话

如果要别人同意你的意见，用争辩或威力，再引用逻辑方式坚持你的观点，并不见得可以收到好效果。假若一个人心里对你不满或有恶感，你就不可能用宣传式逻辑方式去感化他们。好责骂的父母、专横的丈夫和上司、长舌的妻子都应该知道，不能勉强或驱使他人赞同你，但是假如用温柔友善去诱导他们，却可使他们赞同你。

有一位教师陈先生，想要减低房租。他写信给房东，告称在租约满后准备迁出。实际上他并不想迁居，只希望能减低租金，但依情势来看，不会有成功的希望，因为许多房客都失败过，那房东是难以应付的。但陈先生正学习如何待人，因此他决定试验一下。房东收到信后就来看他，陈先生在门口很客气地迎接房东，充满了和善和热诚。他并没有开口就提及房租高，而是谈论自己是如何地喜欢这房子，他做的是"试于嘉许宽出于称道"的工作。他恭维房东管理房舍的方法，并告诉他很愿意继续住下去，但是限于经济能力不能负担。

　　房东从未受过房客如此的款待和欢迎，他几乎不知如何是好。于是他告诉陈先生，他亦有他的困难，有一位房客曾写过十多封信给他，简直是在侮辱他。更有人曾指责他，假如他不能增加设备，就要取消租约。最后，没有经陈先生请求，房东便自动减低了租金。他离开时，还问陈先生："有什么需要我替你装修的吗？"

　　假如陈先生用了别的房客的方法去请求房东减低租金，一定会遭遇到他们同样的失败，可是他用了友善、同情、欣赏、赞美的方法，使他获得了胜利。

　　西方有句古话说："一滴蜜比一桶毒药所捉住的苍蝇还多。"对人亦如此，你要想得到别人的同意，先要使他相信你是他的一个朋友，就如同一滴蜜吸住了他们的心，这才是达到你理想的有效方法。

　　恭维的话人人爱听。你对人说恭维话，如果恰如其分，恰得其所，他一定十分高兴，对你产生好感。

　　越是傲慢的人，越爱听恭维话，越喜欢受你的恭维。有人词严义正，说自己不受恭维，乐意接受批评，这是他的门面话。你如果信以为真，毫不客气地率直提出批评，他表面上未必有所表示，但是内心却是十分不悦，对于你的印象，只有降低，绝不会增进。

　　"人告之以有过则喜"，只有子路才有此雅量。一般自命为君子的人尚容不下别人的批评，普通人更不用说了。

　　会说恭维话，别人听了舒服，而且自己也不降低身份。说恭维话是处世的一门重要功课。

　　每个人都有希望，年轻人寄希望于自身，老年人寄希望于子孙。年轻人自以为前途无量，你如果举出几点证明他将来会大有成就，他一定十分高兴，视你为知己。你如果称赞他父母如何了不起，他未必感到高兴。你要说他是将门之子，把他与他的父母一齐称赞，才对他胃口。

但是老年人则不然，他们历尽沧桑，几十年的光阴可能并未达到他们预期的目标，对于自己，他们已不复自信，他们的希望，是他们的子孙。你如果说他们的儿子，无论学识能力都超过他们，真是跨灶之子，虽然你是当面批评他们，抑父扬子，但他们不但不会责怪你，反而十分感激你，口头连说："未必，未必，过奖了。"他们的内心，却认为你是慧眼识英雄呢！

但是说恭维话应特别注意对方的身份。

对于商人，你如果说学问好，道德好，清廉自守，乐道安贫，他会无动于衷；你应该说他才能出众，手腕灵活，现在红光满面，发财即在眼前，他才听得高兴。

对于官吏，你如果说他生财有道，定发大财，他一定不高兴；你应该说他为国为民，一身清正，廉洁自持，劳苦功高，他才听得高兴。

对于文人，你如果说他学有松底，笔下生花，思想正确，宁静淡泊，他听了一定高兴。对方从事什么职业，你就说什么恭维话。因此，对于对方的职业应该特别注意。

这里讲个笑话。某甲是拍马屁专家，连阎王都知道他的大名。死后见阎王，阎王拍案大怒："你为什么专门拍马屁？我是最恨这种人的。"此人叩头回道："因为世人都爱拍马屁，不得不如此。大王公正廉明，明察秋毫，谁敢说半句恭维的话。"阎王听了，连说："是啊是啊！谅你也不敢。"如此看来，阎王并不是不爱听恭维话，不过是说恭维话的方式与普通不同罢了。这个故事，说明了世人都爱恭维，你的恭维话有分寸，不流于谄媚，不损伤人格，就能博人欢心。

又譬如说，你要你的孩子学好，与其用严肃的教训，或者用严厉的责备，不如用赞美鼓励。

"你的字写得真好"，你这样对他说了，下一次他写得一定更好。这一个方法同样可用于对待你的部属、你的员工，甚至你的丈夫或妻子。

以赞美来鼓励，激起了他的自尊心。为永葆自己的自尊心，他一定会努力做得更好。这就是说，让他自己督促自己，比你用命令督促他会好得多。

有些人从来不懂这种妙处，他以为要一个人做好，只有鞭策他，或者不停地督促他才可以达到目的。他不明白人的本性本来就是喜欢自己主动地做一切事情，而不喜欢被动。你若在旁边督促他，他反觉得是侮辱，因为他不喜欢受支配。每一个人在别人督促之下不大起劲去做事情，就是这个缘故。

但赞美就不同了。当你赞美他的时候，他觉得他一切是自己主动的，他很为这成绩自傲。除非是一个不求上进的人，否则他必定更努力地工作。同样以鼓励为目的，说话不同效果就会两样。所以当你想鼓励你身旁的人时，不可老是站在长者的位置来严肃地教训他。应该留心他的工作，找到一点点值得赞美之处时，就紧抓着它，给予你的鼓励，那么你一定会得到美满的收获。

有一个青年初进社会服务于某公司时，有一个经理先生对他说："公司对你的工作很满意，你安心努力做下去吧！"这个青年觉得这一句话比后来给他加工资还令他高兴。许多经理永远不会对他的下属说一句赞美的话，而是整天板起面孔不断地督促着，以致公司里面暮气沉沉，毫无活跃的景象。因为大家满肚子里都是闷气，他们从来听不到一句使他们高兴的话，只要做错了一点事情就挨骂，这样的公司，绝不会有长足的发展。

一所办得很好的学校，校长同那些教员们都一定是很懂得用赞美去鼓励学生的人；开明的父母也必会如此引导他们的儿女；一个卓越的主管也必会用这方法去管理他的部属。

据说有甲乙两猎人，各猎得野兔两只回来。甲的妻子见后冷冷地说："只打到了两只吗？"甲猎人心中不悦，"你以为很容易打到吗？"他心里如此埋怨着。第二天，他故意空着手回家，让妻子知道打猎是件不容易的事情。

乙猎人所遇则恰好相反。他妻子看见他带回来了两只野兔，就欢天喜地地说："你又打了两只吗？"乙听了心中喜悦，"两只算什么！"他高兴得有点自傲地回答他的妻子。第二天，他打回了四只！

这个故事也许是虚构的，但这却是常情。

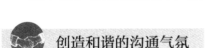

创造和谐的沟通气氛

良好的沟通气氛能够使交谈者感到轻松而且愉快。良好的沟通气氛，可以保证沟通的主题不断地深入，从而使沟通的参与者精神松弛，从交谈中得到愉悦，从而团结又融洽地理解对方、接受对方的意见。

要想创造出一种和谐的沟通气氛，必须要注意以下几点。

第一，仪表要得体。合适得体的衣着，不仅能够赢得别人的喜欢，给别人一个良好的印象，还能够不断增强自己在交谈中的信心。一个穿着不干净、不整洁的人，很难使别人找到沟通的感觉。交谈时，也应该特别注意自己的仪态，主要包括身体态势、气质与风度，要做到站有站姿、坐有坐相。

第二，态度要真诚。开诚相见、坦率交谈的态度能够使人感到亲切而又自然，交谈的观点与思想也很容易得到对方的认同。如果是一种虚情假意、言不由衷的态度，就会引起别人的反感，使别人的情绪大受影响，从而很难与对方展开一次深入的交谈。

第三，神情要专注。交谈时，一定要专注而且认真，要正视对方，理解对方的沟通内容。要学会正确地使用自己的身体语言，身体微微地倾向于说话者，同对方保持眼神接触，并且面带微笑，适当的时候，还应当点头以示同意对方的沟通内容。如果在交谈时，东张西望或者左顾右盼，翻阅报纸杂志或者做其他事情，都会让沟通者感到难以接受。

第四，反馈要及时。交谈是双方或者多方的事情，一方在阐述自己的观点时，另一方应当通过一些语气词、适当的眼神或动作来衬托气氛，从而更进一步地激发对方的沟通兴趣，使彼此的交流更投入，更愉快。

是否能够掌握反馈的时机对创造一种良好的沟通氛围起着承前启后的作用。当然，在提出问题或者做出其他反应之前，一定要有适当的过渡性话语。

例如，可以对沟通者说："对不起，我可以插句话吗?"也可以这么说："请允许我补充一点。"然后，说出自己的想法或意见。这样的插话不宜太多，以免扰乱沟通者的思路。在作出自己的反应之前，应当充分地考虑一下自己当时的发言是否合适、是否合时。如果是提出问题，还应当考虑到自己提出的问题有什么样的价值，是否能够起到使交谈更加深入地进行下去的作用。

一般说来，交谈过程中的反馈能够发挥因势利导、顺势牵引的作用。也就是说，沟通者在接收到这种反馈信息时，应当是恰到好处地将这种信息作为深化话题的一个契机，这种信息激励着沟通者投入更大更多的交谈热情。沟通技巧高明的人，还会十分灵活地借助于身体语言或者一些亲切的语气词与提示词来达到这个目的。在使用身体语言时，一定要注意抓住反馈的时机，不要动不动就莫名其妙地点一下头或者大笑一场。在使用语气词时，不要总是"嗯""呃""啊"个没完。因为语气词往往只是一种无意义的音节，语气词的主要目的是调节气氛。可是，这些无意义的字眼会破坏他人言辞的连贯性与节奏，太多了甚至会使对方感到焦躁。

第五，话题要合适。几乎任何话题都可以成为人们的沟通材料，只要自己是个处处留心的人，就会发现很多能够引人入胜的话题。例如，体育运动、电视节目、个人爱好、天气状况、名胜风光、流行时装、小说电影等，都可以激起人们的沟通兴趣。然而，由于每个人的个性特点、心理状况以及经历的不同，在选择话题的时候，人们的倾向性就会表现出很大的不同。

有的青少年时常感到很苦恼，他们认为自己的性格比较内向，因而很难与别人谈得来。遇到意见不一致的问题，更是不知所措，要么把事情埋在心里什么也不说，一味沉默，要么一言不合，拳脚相向，这都不利于沟通，不利于问题的解决。也确实存在着这种情况，就算是跟很熟的朋友在一起，他们也找不到沟通的话题和方法。但是，这不应该成为青少年封闭自己的理由，青少年应当尽力去培养自己的团结合作能力、交际能力以及说服他人的能力。这就需要青少年努力去寻找话题并且从中选择出大家都感兴趣的话题。

平时参加交谈，可以随时注意观察人们的话题，看看哪些能够吸引人而哪些根本就不吸引人。这又是为什么？自己在开口说话时，一定要练习讲一些能够引起他人兴趣的话题，不要提起那些不会产生良好效果的话题。一般在交际场合中，与刚相识的人开始交谈时，不要冒昧提出比较深入或者十分特别的话题，而应当从一些比较平常的话题入手。例如，我们可以采用传统的方法：首先询问对方的籍贯，然后开始谈论自己所了解的有关对方家乡的一些风土人情。

通常来说，在交谈时应当避免谈论自己不完全了解的事情。千万不要把那些似懂非懂、一知半解的内容糊里糊涂地说上一通，这样不仅不会给别人带来什么启发或者益处，反而会给别人留下一个毫不谦虚或者夸夸其谈的坏印象。

有了话题，还必须要有能够谈论下去的内容，不要打开话题以后就变得支支吾吾。要把话题与自己已有的知识充分联系起来。这样既能和谐地解决问题，又能体现你的素质和才能。

 沟通不畅的结果

小宇生活在一个大家庭里。小学毕业典礼的头一天，他高高兴兴地上街买了条裤子，可惜裤子长了两寸。

吃晚饭的时候，趁奶奶、妈妈和婶婶都在场，小宇把裤子长两寸的问题说了一下，但大家都没有反应，饭后这件事情也没有再被提起。

妈妈睡得比较晚，临睡前想起儿子第二天要穿的裤子长两寸，于是就悄悄地把裤子剪好缝好放回原处。

半夜里，被狂风惊醒的婶婶突然想起侄子的裤子长两寸，于是披衣起床，将裤子处理好才安然入睡。

第二天一大早，奶奶醒来给孙子做早饭时，想起孙子的裤子长两寸，马上"快刀斩乱麻"。结果，小宇只好穿着短四寸的裤子去参加毕业典礼。

这就是沟通不畅带来的麻烦。一个团队只有进行充分的沟通，在沟通的基础上明确各自己的职责，才能搞好协作，形成合力。对于我们的工作和学习，亦是如此，否则反而会导致集体内部混乱、怨声载道。

 解决冲突，加强团结

一提起工作，青少年朋友会觉得离自己很遥远。工作分为广义和狭义。狭义的工作对学生来说，似乎是成年后上班了才叫工作。实际上，我们完成的每件事情都可以称为工作。日常学习、参加演

团结协作

——共赢的力量

出和运动会，这些我们需要参与的事情，都可以说是一种工作。另一方面，我们同学当中，不是每一个人都是大学毕业以后才去工作的，有些同学出于各种原因会提前进入社会参加工作。下面，就让我们来学习一下成年人在工作中解决冲突、加强团结的一些技巧吧。

处理冲突有三种基本方式，即强迫型、放任型、共同解决型。

（1）强迫型（权力型）：要强迫别人执行你的方案，你需要有某种权力（奖励或惩罚的权力）。这样做，结果常常使对方怨恨你，很难达到团结的目的。

（2）放任型（允许型）：你屈服于别人，并容忍别人妨碍你的行为。这样做，你可能会怨恨对方，同时你自身的需求也未得到满足，谈不上什么团结。

（3）共同解决型（合作型）：你和对方确认彼此的各种需求，评价各种方案，找出彼此满意的方案。这个方案不需要什么奖励或惩罚的权力，也不会导致怨恨心理的产生。这样才有利于团结共进。

 强迫型的沟通方式

小王在走廊里就听到了他办公室里的电话铃声。等他把门打开的时候，铃声已经不响了。"小丽到哪里去了？"他咕哝着。小丽应该在 1 点钟回来的，现在都 1 点半了。这种事已经不是第一次了。假如办公时间没有人接电话，他们这公司还怎么开下去呢？

"小丽，有个问题我想和你谈谈。我今天下午 1 点半到办公室的时候，你不在，电话铃在响。办公时间没人接电话，我很担忧。我担心会丢掉做生意的机会或者惹恼我们的客户。"

小丽自我辩护道："如果有重要的事情，他们会再打来的。再说我平时都在 1 点的时候回来的。但今天我吃午饭时遇到一个朋友，说了一会儿话。"

这是事情的起因，我们先鉴别一下需求发生冲突的情况。如果小丽说出以下这样的话，那就表示双方的需求发生了冲突。

"小王，我知道按时到岗很重要，以后我将努力那样做。但是明天恐怕不行，我约好了要去裁缝那里取我改做的衣服，而衣服要到 1 点钟才可能改好。由于裁缝店在城市另一边，我明天不可能在 1 点 20 分以前赶回办公室。"

现在让我们看一下小王对此可能的反应和选择方案。

当你的需求和别人的需求发生冲突时，你可能会强迫别人执行你的方案以满足你的需求。例如，小王可能会对小丽使用强迫型沟通方式，他可能会这样说：

"你取衣服是你自己的事，我可不管。我只要求你必须在 1 点钟回来，如果你不想丢掉这份工作的话。"

假如你想处理好人际关系，最好别使用这样的方法。但遗憾的是，这种处理冲突的方法在当今社会很盛行。如果说你的许多社交技巧主要是通过观察别人学到的，那你已经学会了这种独裁的、损人利己的方法。

一般来说，要强迫别人做他们不愿做的事或禁止做他们想做的事，你就需要有某种能支配他们的权力。这并不意味着你必须有某种法定的支配他们的权力。假如一个人认为你能够奖励你喜欢的行为或惩罚你不喜欢的行为，你对那个人就有几分支配的权力。这种奖励或惩罚并不一定要明讲，但可以通过你说话的语气和神态，使对方意识到。对方想象中的奖励也许就是你的几句简单的夸奖。当然，你也可以向对方讲明你有哪些奖励和惩罚他的权力。

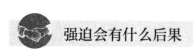 强迫会有什么后果

一般来说，强迫型方法只能作为最后的一招。现在，我们来仔细研究一下使用这种方法的各种后果。

要完全懂得使用这种强迫型方法可能造成的后果，最好的办法是设身处地地想一想，比如想一想以前你是否有过那种被别人强迫做违背你意愿的事的经历。回忆起了一个特定的事例后，就请回答以下几个问题：

（1）当时你有什么感觉？

（2）你当时是怎么做的，以及你做那件事的态度怎样？

（3）这件事对你和那个强迫你的人的关系有什么影响？

（4）你是怎样向其他人描述这件事的？

（5）那个强迫你的人在多大程度上意识到了前4个问题所说的后果？

你所选择的事件不同，对这5个问题的回答也就不同。然而，从很多不同的人对这些问题的回答来看，却有很多相似之处。下面的结果就是笔者在各种讲习会上倾听并收集了数百人对这些问题的回答以后总结出来的。

"你当时有什么感觉？"大多数人回答说自己对那个强迫自己做自己不情愿的事的人有一种怨恨的感觉。人们回答这个问题时常用的词语是：怨恨、敌对、愤怒、报复、恼怒、讨厌、反叛以及感觉不快。

如果某人对你有怨恨的心理或感到你伤害了他的话，你要想和他搞好关系就很困难了。要想成功地与别人相处，你就必须采用那些不致使别人对你产生怨恨的办法。

"你当时是怎么做的，以及你对做那件事的态度怎样？"对这个

问题的回答很不一致，主要有以下几种：

"我按所命令的方式做了，但我很不情愿，也没好好做。"

"我做了，但我使他不能得到预期的结果，以证明他是错的。"

"我表面上服从，但实际上什么也不做。"

"我按他命令的方式做了，但以后以另外的方式进行了报复。"

"我拒绝做，我感到有一种反叛的心理。"

这些反应不但会妨碍双方的关系，而且还会给双方带来一些问题。对此问题几乎没有肯定的回答，比如：

"我按他要求的做了。在做的同时，我懂得了为什么要求我这样做。这件事赢得了我对他的尊重。"

"这件事对双方的关系有什么影响？"大多数人认为对双方的关系有不良的影响，只是对"双方关系影响的强度大小与时间长短"这一问题的回答很不一致。下面是几种常见的回答：

"我觉得他一点儿都不考虑我，我开始讨厌他了。"

"我尽可能地避免碰到他，尽可能地不和他呆在一块儿，我真是太厌恶他了。"

"由于这是一个不寻常事件，所以我很快原谅了他，我们的关系又恢复如初。"

"我和他断绝了关系，从此以后，除了不能避免的场合外，我再也没和他讲话。"

"你是怎样把这件事告诉其他人的？"假如一个人处于另一个人的很大的支配权力之下，一般来说他不太会拒绝做被强迫的事。比如当一个雇员的上司命令他做某件事时，这个雇员由于害怕丢掉工作或担心档案里被写上一笔，往往会没有异议地服从。但是，他可能会对此有强烈的看法，这将促使他向其他人诉说他所遭遇到的不公正的待遇。在描述这件事的时候，由于他对上司感到气愤，他往往会说自己的好话，而把上司骂得一无是处，促使别人也讨厌上司。

"那个强迫你的人在多大程度上意识到了前 4 个问题所说的后果?"强迫别人做事的人通常只注意当时他在场时对方说了些什么或做了些什么。有个车间主任使用了这种强迫型方法并认为他成功地解决了自己的问题。他向别人传授经验时说:"你以一种命令的语气和神态对人们讲话,人们服从了,这就是解决问题的办法嘛。"但一段时间后,他抱怨他手下的工人懒惰、愚蠢、没有积极性,甚至经常制造些麻烦。他完全未意识到他解决问题的方式与工人对他的看法之间有着某种联系。

大多数人回答说强迫他们的人只意识到了各种后果中的一小部分,而那些未意识到的部分也许就是最危险的部分。

所以这种方法起初看起来好像是一种以牺牲别人需求来使自身需求得到满足的方法(你赔我赚法),到头来很可能是既损害了别人的需求,又使你失去了对方对你的信任和尊重(你赔我赔法)。假如你让别人失去什么的话,你就不太可能成功地与他们相处,从长远看你将失去他们。

然而,这种强迫型方法是如此盛行,使用起来是如此简便,以至于人们根本就未意识到,也根本未去想过可能会产生怎样的后果。

当阿梅去进行矫正牙齿后的复查时,她心情很忧郁。上个月卫医生用钢丝把她的牙齿固定得太紧了,这使得她整夜无法入睡,因此她想请卫医生给她弄松一点儿。

"噢,这没什么关系,"医生肯定地说,"你是个坚强的姑娘,疼是肯定的,你会慢慢适应的。我们双方都希望钢丝能尽快取下,对吧? 现在就请张大嘴。"

阿梅确实想做个坚强的姑娘,所以也就没再说什么。但那天晚上,她又整夜难眠、痛苦不堪。她觉得自己被医生欺骗了,因为他说她会慢慢适应的。一想到他丝毫不考虑自己的痛苦，她就感到怒火冲天。她不能让他这样任意摆弄自己，她甚至忘掉了下一次的复查，不但对卫医生，而且对医务人员都感到愤恨。她告诉她学校里所有的朋友，她遇到了一个多么劣等的正牙医师以及多么折磨人的诊所。虽然卫医生以为自己是个温和而又坚定的医生，他完全没有料到自己随口说出的几句话会导致这样的后果。

为了防止强迫型方法带来的各种不利后果，我们在处理问题时就须格外小心。当你提议一个方案时，要特别留意两点：一是此方案是否对双方都完全适合；二是对方是否在需求未得到满足时迫于压力接受了你的提议。如果你发现对方对你的方案并不十分满意，你最好转而采用跟从和反馈的技巧，倾听对方有什么需要，然后再用共同解决问题的技巧来找到双方都满意的方案。

 放任自流的解决方法

这种方法就是容忍并听任对方继续那种妨碍你的行为。假如小丽想将她的午餐时间延长至 1 点 20 分，而小王让步的话，他的反应也许是耸耸肩、摇摇头，然后嘟哝道："唉，无所谓，我只是希望我们不要没人来接顾客打来的电话。"小王过后可能会感到不快甚至怨恨小丽，而小丽可能会感到有一种过失感，吃午餐时总觉得时间过紧，有一种压迫感，从而导致她怨恨小王。

当然，放任型有时也可能是处理某个事件的最好办法。比如在对方的需求比你自己的需求更重要、更急迫或找不到一个好办法的情况下，你还不如接受现状，听之任之。但是应注意的是，放任型可能会带来很多麻烦。这种方法除了未解决你原来的问题外，还可能使你怨恨对方。要知道，你对别人有怨恨心理与别人对你有怨恨心理是同样危险的，它们会妨碍双方的关系。一旦这情况发生，你再想搞好彼此的关系就很难了。

放任型还有一个潜在的危险，就是如果你明显地不坚持自己的观点，你的威信会下降。实际上，如果你老是听从别人的摆布，别人就会看不起你。

假如小王允许小丽延长午餐时间使得电话没人接而影响了他的生意时，他就会迁怒于小丽。

假如卫医生后来把阿梅牙齿上的钢丝稍微弄松一点儿的话，她可能就会是他诊所的老主顾，一有不舒服的地方就会去医务室找他。

假如某个工厂的车间主任或经理总是采用放任型的办法，整个工厂将变得一片混乱。如果组织的需求未得到满足，这个组织就会遭受损失。长此以往，职工也会遭殃。所以采用"我赔你赚"的方法，结果会使双方都赔。

人们常常不是用强迫型方法就是用放任型方法来解决冲突问题，他们要么把自己的意愿强加于别人，要么很不情愿地接受现状。这样，事情以需求发生冲突而开始，以人际产生冲突而告终。实际上，还有另外一种方法可用来处理冲突，那就是最终将使双方都满意的共同解决问题的方法。

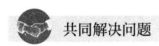 **共同解决问题**

使用共同解决问题的方法不仅可使你自己的问题得到解决，使冲突变为合作，还会增进你和对方的关系。有效的共同解决问题的方法有 6 个步骤：

（1）弄清各方究竟有什么需求。

（2）寻找各种可能的解决方案。

（3）根据各方的需求评价各种方案。

（4）找出一个双方都满意的方案。

（5）计划和执行此方案。

（6）对结果进行评价。

在你按照这 6 个步骤来解决问题前，你还需完成两个步骤：一是通过沟通，确定这是个什么样的问题；二是征求对方的意见，使对方同意通过协商解决问题。

 表明你的需求

各种冲突的需求通常是通过技巧得以确定的。它主要包括两个部分：让别人了解你的需求，以及让你了解与你的需求冲突的对方的需求。

例如，小王告诉小丽如果她午餐后过迟回到办公室也许就会使一些顾客打来的电话没人接，这句话就意味着小王的需求是"不要漏掉顾客的电话"。

在你使用共同解决问题的方法前，你必须确保对方已完全懂得了为什么他的行为与你的某个需求发生了冲突。你刚开始表明你的问题时，对方可能会出现一些情绪或者会有为他自己辩护的举动，这会妨碍对方理解你的需求。遇到这种情况，你最好转换一下，采用倾听与反馈的技巧去倾听对方的诉说。

对方诉说完后，他的情绪变得平稳了，感到你理解他了，他就会反过来认真倾听和理解你的需求。这时你就可以较仔细地描述你的需求了。这个步骤一直要进行到对方完全理解了你的需求并在某种程度上表示了他对此的关心为止。只有这时你才能说对方已承认自己的行为确实妨碍了你。

如果小丽说"我现在明白为什么在 1 点钟前回到办公室对你非常重要了"，这就表示她已开始对小王的问题关心起来了。

对方可以通过很多方式来表达他的态度。有时通过他说话的语气、面部表情、叹息或非语言的沟通方式，你就可以猜到对方对自己的行为妨碍了别人感到不高兴。他可能会这么说：

"哦，我懂了，为什么那个妨碍了你……"

"我很抱歉，不过……"

"我真想帮你忙，不过……"

一旦自己的行为妨碍了别人，人们通常的反应是感到不高兴，因为人们一般都不愿给别人制造麻烦。但他可能以一种为自己辩护的或粗暴的方式来表达心中的不愉快，例如：

"我没办法。"

"我没法使你满意。"

"我已竭尽全力。"

遇到这类情况，你要用反馈的方式来反应：

"你并不想给别人带来麻烦。"

"你在做你认为最好的事。"

"哦，你在做你必须做的。"

很多人会很快从最初的感觉，如过失感、忧虑、踌躇、担心、害怕转变为次生的感觉，如愤怒、怨恨、恼怒等。

这个时候，他们变得粗暴，老是替自己开脱，对别人横加指责。假如你记住在这种敌对反应的后面是他最初的感觉，如担忧、过失感，你就能比较容易地做到耐心，并能满怀信心地使用倾听和反馈的技巧来使对方触及到他的最初的感觉。最初的感觉比起次生的感觉来说，能使双方更有建设性地进行协商，所以最好避免产生次生的感觉。

你理解别人的需求和别人理解你的需求同样重要。这个步骤常常是从你倾听别人的诉说开始的。在倾听过程中你观察到的对方情绪或为自己开脱的种种辩护，可能并不代表他的有形需求。只有通过有效地运用倾听和反馈的技巧，你才可能了解他的有形需求。如果你专心致志地倾听对方说话，尊重和理解对方的感情，对方的辩护、抵触心理就会慢慢消失，这样他的有形需求就容易了解了。值得注意的是，单单靠倾听和反馈是不能消除对方的需求的。

在你确定与你的问题相关的对方的需求时，向对方表示一下你对他的需求的关心和理解是很重要的。日常生活中，许多人常常喜欢贬低别人的需求。然而在使用共同解决问题的方法时，完全不用担心这一点。如果你表示了对别人需求的关心和理解，而不是贬低别人的需求，你就能最终找到一个使你自己的需求也得到满足的方案。

有时别人会夸大自己的需求，如果你未加评论地接受他所说的，这反而会使他觉得没有必要为自己夸大的需求进行辩护。这样，你就能比较容易地使他重新调整自己优先考虑的需求或使他更诚实地描述自己的需求。

在下面的对话中，乙以典型的批驳方式来对待甲的夸大，结果引起了甲的抵触：

甲："这项工作至少要一个星期才能完成。"

乙："简直荒谬！这不可能要那么久。"

甲："乙，这你就不懂了。要知道需要把每个部分都拆开、清理和检验。这简直不可能在一周内完成，实际上可能需要更久。"

假如乙以反馈的方式来对待甲的夸大，甲也许就会觉得没必要如此夸大。这将使他变得更加客观，对话也就可能像这样进行下去。

甲："这项工作至少要一个星期才能完成。"

乙："哦，这一定是一项量很大的工作。"

甲："对，你知道每样东西都得拆开，而这要花两天时间。"

乙："哦，把它拆开就是一项很花时间的工作。"

甲："对，很花时间。假如不遇到什么麻烦的话，我可以争取在一天之内完成，但这至少也得十几个小时。拆开后要对每部分进行检查，然后进行复原，而这需要一至两天。"

乙："哦，拆开以后还有一至两天的活。"

甲："对，假如遇到麻烦的话就会需要那么长时间。幸运的话，不到一天即可做完。然后要把它再组装起来，这需要几个小时。这样，在不遇到困难的情况下我在两至三天内可完成这项工作。"

由于乙表示了对甲的工作的尊敬和理解，甲就觉得没必要为自己辩护以证明起初所说的话了，他也许会重新考虑他原来的工作安排。乙也就可以趁机解释自己的需求与问题了。

 争取对方的同意

在双方都理解了并对彼此的需求表示了关注以后，你就可以邀请对方来一道解决问题了，这是一个既短暂又简单的步骤，往往可能只需说一句话即可。比如：

"让我们共同来寻找一个能满足我们双方需求的解决方案好吗？"

在这个步骤中，最好强调一下你是想寻找一个使双方都满意的方案，你要使对方清楚所找到的方案既满足你的需求，也满足他的需求。小王也许会对小丽这么说：

"让我们想想是否能找到一个办法，既能使你取到你的衣服，又能使办公室在办公时间有人接电话，好吗？"

对方同意来解决这个问题后，你就可以按共同解决问题的6个步骤来进行工作了。有时执行这6个步骤是很简便、容易的。让我们来看看小王是如何运用共同解决问题的技巧来解决他的难题的。

小王强调一下双方的需求（步骤1），同时邀请小丽一道来解决问题：

"让我们想想是否能找到一个办法，既能使你取到你的衣服，又能使办公室在办公时间有人接电话，好吗？"小丽点头表示同意。

现在小王开始寻找各种可能的方案（步骤2）：

"这一定有很多办法。让我们尽可能地多想一些方案，然后再从中挑选一个对彼此最适合的方案。你想出了什么办法吗？"

小丽一旦决定了什么事，就不习惯创造性地找出其他办法了。她回答说：

"哦，没有。裁缝店在我下班的时候已经关门了，这样当天就取不到衣服了。所以我想我只能在午间休息时间去那里。"

小王告诉小丽他想的一些方案：

"一个方案就是下午上班上到一半时间后你去取衣服，由我到办公室来等电话，或者你也可以早一点下班由我来接电话。另一个方案就是或许我可以将我1点钟与客户的会面地点改在办公室。"

小丽也开始像小王这样寻找新的可能的方案：

"裁缝店也许有送货上门的业务。或者，如果他们把衣服放在他们隔壁的洗衣店的话，我下班后顺道就可取走。我回家刚好要经过那里。"

小王邀请小丽评价想出的各种方案（步骤3）：

"噢，可能的解决办法真多啊，你觉得哪个比较适合呢？"

小丽评价了各方案（步骤3）并提出了一个办法（步骤4）：

"哦，有好几个方案都比较适合我，我觉得我最好还是在回家路上顺便把衣服取走，这样既可省去来回跑的麻烦，又使我不用急匆匆地吃午餐。我一会儿给裁缝店打个电话，问是否可以把改好的衣服放在洗衣店里，我想这是可能的，因为洗衣店里好像挂了一个裁缝店的招牌，这两个店好像有业务联系。假如不可以的话，我再问问他们什么时候关门。我或许没有必要为了赶到那里取衣服而提前几分钟下班。"

由于小丽已评估了各种备选方案并从中挑选了一个，因此如果小王对那个方案也满意的话，他就可以点头表示赞同（步骤4），同时确定怎样执行（步骤5）。他也可以说一句赞美的话：

"你放心，我保证你能在明天取到衣服。你刚才所说的方案我很满意。假如你需要提前下班的话请告诉我，由我来办公室守电话。你找到了一个我们双方都很满意的方案，我非常感谢你。"小王仍留有余地，以便在共同确定的方案遇到困难后大家还能继续讨论此问题。

"假如说你觉得这个方案有什么困难的话，请随时告诉我，我们可以再想想别的办法。"

在这个例子中，小王和小丽找到了一个能满足双方需求的方案。小王既对小丽的愿望表示了尊重和关心，又强调了办公时间要有人接电话的重要性，这样他就使两人的关系得到了增进。同时，他使小丽获得了一次以合作的、创造性的方式来解决问题的经历，这对小丽来说是一个很大的收获。

 沟通的基本过程

小王和小丽的问题是很简单的，所以在共同解决问题的过程中他们很快从一个步骤进入到下一步骤。然而有些问题是很复杂、很困难的，它需要使用更多的技巧，需要花更多的时间才能圆满地加以解决。下面就让我们详细阐述一下共同解决问题过程中的各个具体步骤，并探索一下有效使用这个技巧的关键。

1. 弄清各方的需求

理解和接受别人的需求。如果某人说他想得到什么东西，那么这个东西就是他的需求。有时当别人谈到需要什么东西时，你可能会觉得他所需要的对你来说一点儿都不重要，此时你最好承认对方的那个需求对他本人来说很重要。你大可不必与对方争论他的需求是否有价值、是否重要。对于你来说，最重要的是要了解对方到底有什么需求、到底在想什么。有时通过共同问题的解决，你也许仍无法找到一个满意的方案。假如你发现失败的原因在于对方的需求太具体化或太不现实，此时你就大有必要对他的需求作一番研究了，研究一下他未表露出来的、更深一层的需求到底是什么。

确定不直接发生冲突的需求。假如小王说他的要求是要小丽在午餐后 1 点钟回来，而小丽说她的需求是要将午餐时间延长至 1 点 20 分，这时他们就处于僵局之中了，因为他们各自的需求发生了直接的冲突。碰到这种情况时，要研究一下双方更深一层的需求是什么，也许在更深一层的需求层次上，双方就没有直接的冲突了。低一层次需求的满足往往是为了能使高一层次的需求得到满足。比如小王要小丽在 1 点钟前回到办公室，是因为他想使在办公时间里打来的电话都有人接，而使电话有人接这一需求又是为了能满足更高一层的需求，即随时能为顾客服务，使顾客满意。这一愿望又是为了使他最终在事业上成功。所以，需求存在着等级。

当你问对方："你为什么需要那个呢？"你就会探知出对方高一层的需求。一直这样问下去，你最终会接触到人类最根本的一些需求。马斯洛把人类的需求分为 5 个层次，即生理需要、安全需要、归属和爱的需要、尊重的需要以及自我实现的需要。

当对方提出他的需求，你没有必要一直问下去。只有当你观察到的对方的需求很难满足或与自身的需求发生明显的冲突时，你追问下去才会对你有好处。

弄清与问题相关的各种需求将是一个很长的、相当困难的，同时又是极其重要的过程。当你对问题本身还不清楚时，就根本谈不上要解决问题了。如果你能明了各自的需求，你就不但能充分理解所遇到的问题，而且也将知道自己的目标是什么。

由于采用建设性态度的技巧往往在共同解决问题前已经使用了，所以在确定了各自的需求后，你只需再陈述一遍那些需求。在陈述时，如果你觉得有必要，可以对需求作进一步的澄清。

遇到复杂或困难的问题，记下各自的需求将会对你很有用。把这个记录放在方便的地方，使你随时能够参考。有些对方未提到的但与问题有关的需求，经你询问后，如果对方承认的话，可以把这些需求添加在记录里。

对双方共同的需求加以强调，这将创造一种合作的气氛，使双方能更快地解决问题。

2. 寻找各种可能的解决方案

想出的方案越多，你就越有可能找到一个令双方感到满意的方案。在现实生活中，人们往往选定第一个想出的方案。实际上，如果继续进行创造性的思维，一个更好的方案是完全可能找到的。创造性思维会给你带来令人惊讶和欢欣的硕果。

这种思维促使人们想出尽可能多的方案。在这一过程中，不要管所想出的点子是否可行，也不要进行评价（正面的或负面的）。一个方案提出后，马上记在纸上，并让每个有关的人都能看见。一个方案的提出，往往会促使相关的方案被提出。有时一个荒谬的点子会使人们想出一个很好的方案。这个过程是一个进行得很快的、有创造性的、充满乐趣的过程。如果有好几个人一道进行创造性思维，效果最好。对于两个人也很有用，甚至还适用于一个人。

在提方案时，避免评价是相当重要的。一个方案提出后，人们往往会对此评价一番，这对于整个进程是不利的。假如你挑剔对方的方案，对方可能就不愿再想什么方案了，也可能为自己的方案进行辩护，这就使你脱离了这一步骤，同时气氛就变成了争论、辩护而不是合作了。

假如你以一种赞赏的方式来评价一个方案，你就会发现自己越来越倾向于这个方案，而这会妨碍你考虑别的方案。同时，对一个方案的赞赏往往会使你忽视其他那些评价不高的方案。最好别作什么评价，而只是陈述："这是我们想出的又一个方案，还有什么方案吗？"

也许你未对方案进行评价，但发现对方有评价的习惯。为了避免对方评价，你可说：

"让我们看看能想出多少种方案，在这一过程中，大家都不作任何评论。到了最后，我们才从中挑选出几个方案，然后评价一下它们各自的优缺点，好吗？"

千万注意，在实行这一步骤时不要讲下面这样的话，这会引导对方进行评价：

"这个方案你觉得怎么样？"

"你认为我们能……吗？"

"这个方案能行吗？"

要防止对方评价，你可以这么说：

"一个可能性是……"

"另一个备选方案是……"

"我们可以多动一下脑筋……"

邀请对方多想一些方案时，可以这么说：

"我们还能做别的什么吗？"

为了防止这个步骤结束得太早，事先确立一个目标将是有益的。你可以这么说：

"让我们看看是否能想出至少 10 个方案，然后我们再仔细研究各方案。"

或者："我们看看 5 分钟之内，一共可想出多少种方案，然后再对其进行评价"。

创造性思维是这一步骤成功的必要条件。假如你处于困境，重新明确一下各种需求，以帮助你把焦点对准自己的目标。把一些明显不现实的方案也包括进来，可能是会有帮助的。假如你让自己的思想自由地、无约束地翱翔，你最后会为自己想出的这么多不同形式的方案而感到诧异。

3. 根据各方需求评价各方案

想出足够多的方案后，你就可以对你认为合适的方案进行评价了。你完全没必要对提出的所有方案逐一评价，你可先划掉那些双方都不满意的方案，然后再着重研究剩下的方案。另一个可行的办法就是仅考虑双方最喜欢的方案，对别的方案可以不管，但不要完全忽略它们，因为它们会提醒你还有解决问题的备选办法。

在评价时，要清楚地阐述自己的意见、自己的爱好等，要使用倾听和反馈的技巧去倾听和理解对方的评价。你要充分表达自己的观点，要理解对方的观点，而不是拼命去说服对方同意你所喜欢的方案。

必要时，可以回到以前的步骤去。比如：在考虑一些方案时，你可能会发现对方还有一些你以前未观察到的需求，此时你就要回到第一步，认真地了解对方的需求。在进行第三个步骤时，你可能会发现，还有一些备选方案，此时你要回到第二步，把这些方案添到你的单子上。

假如你对所有的方案都不满意，回到第一步去确定一下各自更高一层的需求，或者回到第二步，以寻找更多的方案。你也可以请个人来给你出点子。在第二步中，我们已经知道，人越多就越可能发现更好的方案。人们往往很喜欢步骤2，特别是所讨论的问题不是他们自己的问题时，他们越有可能给你出好主意。

在共同解决问题的过程中，如果有必要回到以前的步骤，不要犹豫，但切记不要过早地转移到下一步骤。通常从步骤3转移到步骤4是很自然的，但要注意这种转移不要进行得太快。

4. 找出一个双方都满意的方案

当你认为你已找到了一个双方都满意的方案时，你要对这个方案再次明确并征求对方的意见。假如对方的言辞或非语言的动作暗示着他并不完全满意时，你要转换为倾听和反馈，从而找到他不满意的地方。然后你再回到前面的某个步骤，如此进行下去，直到找到一个双方完全满意的方案为止。

要找到一个双方都满意的方案似乎太理想化了，也许并不现实。然而，假如你遵循共同解决问题的方法，对方是愿意找到一个使你满意的方案的。假如双方都想找到使对方满意的方案，那么成功的概率就比较大了。

一旦你找到了一个双方都满意的方案，最好清楚地复述一遍那个方案，以确保双方的理解是相同的。在某些场合里把方案书写下来也许更好。

5. 计划和执行方案

我们心里不但要清楚到底决定了哪个方案，更要清楚怎样执行这个方案。这时我们要明确几个问题：是谁来做？什么时候？在哪里？怎样做？

回答了这些问题以后，把答案清楚地复述一遍以确保双方都清楚方案将怎么执行。

你参加过那种只说不干的会议吗？会议结束时大家都对作出的决定感到很满意，可下一次开会时却发现根本就没有采取什么行动来执行那个决定。当步骤5被省略掉时，这种情况就很可能发生。

假如你和对方对某个方案都很满意，那么你们两人很可能都想参与到执行那个方案的过程中去。假如对方主动提出要参与方案的执行，你可对此表示赞赏。

一旦你同意了某个行动方案，你就应该守信。假如发生了未预料到的事，阻碍了你执行方案，你应尽快通知对方。假如在同意某个方案以后，你发现自己对它不太满意，此时要尽可能快地把你的情况告诉对方。假如你坦率、真诚、现实而又善于理解人，对方就可能以同样的方式来对等待你。

假如对方并没有履行他的诺言，你要以坦率、诚挚的方式去鼓励他谈论这个问题。通过倾听和反馈，通过你的耐心和对对方的理解，你是可以做到这一点的。如果你想使对方清楚你的需求以及他不执行方案对你已经造成或可能造成的困扰，你可采用建设性交谈的技巧来做到这一点。这意味着你要用一个新的建设性交谈语句来开始，然后再次经过协商，共同解决问题。

假如你们的行动方案的某些方面涉及一些你们不能完全控制的因素，此时你们也许需要再制定一个备选方案。

当你们的解决方案很复杂或要花很长的时间时，把执行的步骤写下来，将会对你们很有帮助。在这种情况下，也许采用脚踏实地、慢慢干的方法更加妥当。

在共同解决问题这个方法的最后阶段，强调一下双方都对选定的方法感到满意是很重要的。这意味着一旦执行过程中发现有什么不满意的地方，双方可随时重新协商。你要避免说这样的话：

"既然你同意了，我希望不管发生了什么你都能信守诺言。"

你可以这样说：

"让我们来执行双方都同意的方案吧！假如我们当中有谁发现了有什么问题，或这个方案不可行，我们可以再来研究一下，看看有没有别的方案可以采用。"

你可以事先确定一下评价执行结果的方法及什么时候进行评价。你也可以在以后不定期地与对方检查一下执行的结果。你应对结果进行评价。

 ## 共同解决问题的好处

当你使用这个方法时，你极有可能找到一个相当好的解决你的问题的方案。同时，由于双方都进行了创造性思维，方案是双方选出来的，这会促使对方执行它，而无需你强迫对方去执行了。

共同解决问题的方法不会导致怨恨心理的产生。通过这个共同协商的过程，双方对彼此的需求都更加了解了，这会促使双方感情上更加接近，从而增进双方的友谊和关系。

在你使用这个方法的过程中，你和对方都提高了解决问题的能力。当对方是你的雇员时，这个方法对你来说尤为重要。要使你的雇员学会怎样与人打交道，一个最容易的方法就是言传身教。当你与他们交往时，他们不仅会观察到你使用的人际技巧，还会假定你要求他们与其他人打交道时也像你这么做。然而，假如你的人际技巧不好的话，你的这些不好的技巧也很容易为雇员们所模仿，而你甚至可能不会意识到。

共同解决问题隐含着 3 个有助于搞好人际关系的意思：

（1）我关心你的需求，希望找到一个你满意的解决方案。

（2）我关心自己的需求，必须找到一个我能接受的解决方案。

（3）需求发生冲突并不一定是件坏事，通过合作的办法我们完全能够解决问题，而且还能增进我们的关系。

不成熟处理办法的危险

当人们意识到需求发生了冲突时，他们往往在未与对方商议的情况下就决定该怎么解决问题了。即使他们的目标仍是去找到一个各方都满意的解决方案，但遗憾的是，整个过程实际上只有两步：

（1）当某个人意识到一种潜在的冲突时，他独自决定该怎么解决。

（2）他劝说对方同意他的解决方案。

这种方法和强迫型方法是类似的，不同之处在于前者是问题的解决者企图说服对方，而后者是问题的解决者利用权力迫使对方服从。使用这种方法的人想法是好的，但采用的步骤太少了，不足以解决问题。当你并不特别注意别人的需求时，你独自提出的方案就不太可能使对方感到很满意。那个解决方案对你来说也许是最好的，但并不一定就是最可行的或最持久的。对方可能会极不情愿地同意了你的方案，但驱使他执行方案并使方案奏效的动力就减少了。结果你可能发现你以后会不断地遇到和解决同样的问题。

一个人一旦打定主意该怎么办后，要他再去考虑别的方案就困难了。他会把整个身心都集中于劝说或强迫对方同意他的方案上。假如你不知道最好的解决办法，使用共同解决问题的方法就相对容易一些。实际上，只要你不偏心于某个方案，只要你愿意考虑别的方案，任何主意都是有用的。

另一方面，当问题比较简单，解决办法对你来说比较明显时，为了节省时间，你可以通过直接建议某个方案而达到解决问题的目的。这样做时，使用条件赞赏语句描述这个方案、解释这个方案不但能满足你的需求，而且能满足对方的需求，然后告诉他你对此的感觉。在这以后你再转换为倾听和反馈，而且做好充分的准备，一旦对方对你的方案不是很满意，就转而使用共同解决问题的方法。

集体问题的解决

在涉及两人以上的情况下共同解决问题的方法同样十分有效。人数很多时，经过适当的调整以后，这个方法照样可以运用。

谁来参与解决问题？

当问题涉及两人以上时，谁来参与解决问题是首先应当考虑的。为了决定人选，你可以问3个问题：

（1）谁拥有所需要的作出好决策的信息？

（2）为了执行各方同意的决策，使之奏效，应该激励谁？

（3）谁能够使共同解决问题的过程顺利进行？

一个经验就是把能够找到好的方案，并使之在实践中奏效的所有必要的人都包括进来，对于不必要的人就不要包括进来了。

在大团体内运用共同解决问题的方法前，你要把将那么多人包括进来参与决策可能花费的时间与可能得到的好处作一下比较。让每个人都参加所有的6个步骤，是不必要的。一个或几个步骤可以由多一点的人参加，但以后的步骤可以由少一点的人来执行。当人很多时，整个过程就需要一些沟通的工具，如备忘录、意见箱、新闻短讯、公告牌和电脑等。同每一个有关的人确定通过什么程序来作出决定是很重要的。下面我们举一个现实生活中的例子：

运用共同解决问题的方法来制定休假制度。

当人事经理听说许多雇员都对公司的休假制度感到不满意时，他决定运用共同解决问题的方法来找到一个尽可能使更多人满意的休假方案。

首先，他找了几个他知道对休假制度不满的人交谈。他运用倾听和反馈的技巧来倾听他们的意见，并把他们的抱怨都记录下来。

他鼓励他们提出自己的需求（步骤1）。

比如一个雇员抱怨说他没有预订到他家人最喜爱的海滨房间，因为在他知道他的休假时间安排前，别人已经预订了。经理把那个雇员的需求记录下来，那个雇员的需求是"能够尽快地知道休假时间以保证预订到最好的房间"。经理同时把他们各自需要的休假时间都记录了下来。

随后，经理找了一些在安排雇员休假方面特别拖拉的经理交谈，并把他们拖拉的原因（他们的需求）记录下来。

当他认为他已调查了休假安排方面的各个环节后，经理就把包括各方需求的备忘录分发下去。他要求所有的雇员和经理把尚未列入备忘录的需求告诉他，同时邀请大家把他们认为可能使各方满意的方案写下来交给他（步骤2）。

再次，经理邀请了一些有兴趣的雇员和经理组成了一个委员会来评价所有的方案（步骤3），并找出他们认为最满意的解决方案。为了保证能照顾到各方的利益，他从不同的管理层以及不同的部门中挑选人员来组成委员会。委员会中的每一个人都有一份备忘录，上面记录了各方的需求（包括上层管理人员的需求）以及大家想出来的各种方案。

委员会最后决定的方案送给上级批准（步骤4），然后交给有关机构执行（步骤5）。

新的休假制度执行了几个月后，经理调查了管理人员和雇员，以检查这个新的制度到底怎么样（步骤6）。调查以后他再次召集了委员会的成员，以讨论是否要做一些小的改动。然后他又把委员们的建议递交上级部门批准。如果获得了批准，便交给有关机构执行。

解决集体内部的问题

　　当组织内成员之间的需求发生冲突时，通常人们解决问题的自由度是很有限的，因为可能要涉及组织的某项政策或制度。当高一级权力机关的某项政策或条款与你解决你的问题的方案发生冲突时，你有 4 种基本的选择办法：

　　（1）服从政策或制度的有关规定。

　　（2）通过合法的手段来改变组织的政策或制度。

　　（3）你不服从政策的有关规定，因而要冒风险。

　　（4）为了不受那项政策或制度的制约，你离开了原部门、原组织。

　　改变政策。你可以使用共同解决问题的方法来改变组织的政策。整个过程与经理改变他的公司的休假制度的过程可能是类似的。当你在公司是处于中层或下层地位时，你应怎样处理在公司内遇到的问题呢？下面提出一些建议，其中包括得到允许来研究那个问题，然后使用共同解决问题的 6 个步骤来解决问题。

　　首先，你要确定问题，得到研究那个问题的许可。你可能要与其他人谈论这个问题，直到你不但明白了自己的需求，而且明白了公司的需求和雇员们的需求为止。你要记住的是，每项政策都是为了满足某些需求而制定的。那些需求也许现在已不复存在了或没有现在的需求那么紧迫了，这种情况是可能的。如果你了解到了制定那项政策到底是为了满足哪些需求，这将对你很有帮助。

　　对问题有了明确的了解后，你就可以去找你的上司或主管这方面的雇员了。你最好把问题书写下来，先让上司浏览一遍你简略的报告，然后找一个他方便的时间和他谈谈。你要清楚地讲述那个问题，并请求对方同意让你来处理那个问题，且保证你找到的解决方案不但会满足你的需求，而且还将满足公司的需求和其他雇员的需求。

你要仔细观察上司的反应，使用你的倾听和反馈技巧来表示你对他的处境的理解。假如你听到了什么你以前没想过的情况，你也许需要在深入研究之前对整个问题进行重新考虑。

上司对你的建议也许会持抵触甚至敌对的态度。改变经常会带来威胁，所以人们不愿改变。抵触改变是很自然的，通过倾听和反馈，你可使对方发泄他的抵触情绪，这样他就能更加坦率地来考虑你的问题了。不要急于求成，不要急于推销你的观点。当你察觉到对方不快或想说话时，你要及时采用倾听和反馈的技巧。起初，这似乎花费了比较多的时间，但从长远看，你会节省时间的。

假如你对上司的反应不满意，不要轻易放弃你的努力。通过倾听和反馈，通过再次地、更详细地解释你的问题，对方也许就能听进你的话了。

一旦你得到了研究那个问题的许可，你就可以通过共同解决问题的 6 个步骤来进行处理了：

（1）根据组织和雇员的需求来确定问题。在你请求上司允许你处理那个问题前，也许你就已经很好地完成这一步骤了。如果是一个很复杂的问题，需要进行大量的调查，那你只能在获得批准以后再进行调查。

在这一步骤中，有两个人际沟通技巧对你将非常有用。一个是询问的技巧，你要让人们告诉你他们与问题相关的需求以及公司的需求；另一个是倾听和反馈的技巧，你要保证准确无误地接收到信息。

在收集到与问题有关的需求的信息以后，你需要以简要、明了的方式向上司汇报一下情况。在他同意后，你就可以开始下一步工作了。

（2）尽可能地想出更多的解决方案。在这一过程中，邀请几个人参与也许会对你有帮助。人多一点，想出来的方案也就多一点，同时你会赢得更多人对最后的方案的支持。

你要对每一个参与这个过程的人都表示一下感谢，不是在喜欢他们的方案时才向他们表示感谢。比如，你可这样说：

"我感谢你们的建议，想出的方案越多，我们就越有可能找到一个满意的解决办法，这对我来说非常重要。"

（3）根据你了解到的各方的需求情况评价方案。你也许想在总结出最可行的方案前与某些重要人物谈谈你的看法，你也许想计划一下怎样执行最可行的方案。假如你写一份报告，上面有一个或几个方案，并有各个方案的优缺点以及怎样执行的计划，这样的报告对你是有帮助的。你可以把它交给有关部门批准。

（4）记住政策是由有权力的人制定的。当你极力推崇某个方案，而又不得不等待别人来作出决定时，你一定很忐忑不安。你可以试试是否能够加快这个程序。如果不行的话，你必须要有耐心，同时要坚持不懈，你可以使用一些技巧，如扬长避短、倾听和反馈、建设性态度等。假如你想对审批的程序提出建议，你可使用条件赞赏语句，如：

"假如你们能在 6 月前作出决定的话，我们就可以在预算中把这个决定体现出来了。这将大大减少我们的麻烦，我会为此非常感激！"

（5）贯彻执行最终的方案。方案通过了审批，你要履行属于你的那部分职责。通过扬长避短你还可以激励其他人履行属于他们的那部分职责，假如有的人忽视了他的职责，你可运用条件赞赏语句来激励他们。假如他执行起来有困难，你可使用倾听和反馈的技巧。假如发生了未预料到的事，也许你就需要回到步骤 1、2、3 或4 去。

（6）让其他人知道你很关注执行的情况，并让他们清楚一旦方案不能令人满意，还可继续研究那个问题。你可以提供一个随时对执行情况进行分析、控制的办法，在执行过程中出现了什么情况，不要隐瞒，要重视它。

让我们总结一下。当你在组织里遇到问题时，不要害怕去触动问题，即使这种问题不属于你的职权范围。如果你使高层管理人员意识到了组织的某项政策对各个层次的雇员有什么样的影响，这对整个组织的健康发展将是有利的。假如你使用这里推荐的技巧找到了一个更令人满意的政策，你付出的劳动将会受到每个人的称赞。要使自己成功，你就要对解决问题做好充分的准备。准备工作最重要的部分就是既要理解和尊重别人的感情和需求，又要使自己做到既有耐心又百折不挠。

 假如你失败了

若你期望通过使用共同解决问题的技巧或其他技巧，你的所有问题都能得到圆满的解决，这是不现实的。

若你充分地运用本书中的技巧，在大多数情况下你会得到成功，但有时在使用某个技巧时，你可能没有得到满意的结果。下面就让我们看看造成失败的各种原因以及相应的处理办法。

失败的原因有：没有有效地使用技巧，你的目标发生了变化，过去关系不好或对方不关心你的需求。下面让我们对每种原因进行仔细的研究：

1. 没有有效地使用技巧

失败最可能的原因也许就是你未能有效地使用技巧。当你对某个问题感到不高兴，或对方产生抵触情绪，进行自我辩护或变得盛气凌人时，要你继续运用客观的、理解别人的方法就很困难了。假如不是以直接的方式的话，你此时很可能会以间接的方式来传递你的指责和不满，从而又加剧了对方的对立情绪。这种情形可能会愈演愈烈，终至发展到公开的敌对，这样你就不能成功地解决问题了。要成功地运用共同解决问题的技巧，必须建立合作的气氛，而不是敌对的气氛。

遇到这种情况，如果你有耐心、勇气以及良好的意愿，你可就对话的中断或失败表示歉意，并要求对方给你一定时间来重新调整你的情绪。你会倾向于挑别人的错，希望别人向你道歉，同样，对方也可能更注意挑你的错，希望你能向他道歉。在你道歉后，他才会更客观地看待他的过错。

你不能控制住对方的情绪和行为，但你能控制你自己的情绪和行为。在你这样做的时候，对方很可能会受到感染。你没有指责对方，也没有把对话的中断归罪于对方，而是把注意力集中在自己的不耐心以及未能充分使用倾听和反馈技巧上，这样对方就没有必要为他自己进行辩护了，他就会更理智地看待问题。通过这个过程，你可能会重新获得成功，并可能得到一些有益的收获。

你没有必要因为自己未能以最有效的方式来处理问题而过分责备自己。因为这个过程中要用的技巧相对来说有点理想化，若你期望自己在实践中同共同解决问题这个方法的各个建议完全一致，这是不太现实的，对你也是没有帮助的。假如你能意识到自己偏离了技巧的要求，假如你愿意承认你做了一些不好的、没有人做的反应而同时又不指责自己和对方，这对你是大有帮助的。你应该避免自己贬低自己，你可为某一行为道歉，但同时要保持自己高水平的自尊和自信。

2. 目标发生了变化

另一个导致你失败的原因就是你的目标发生了变化。当你产生了不满情绪时，这种情况就有可能发生。记住，你使用建设性交谈和共同解决问题的技巧要达到的目标是：

（1）使问题圆满地得到解决。

（2）不伤害双方的关系。

（3）双方的自尊心都得到了保护。

在建设性交谈和共同解决问题中提到的所有的建议，都是为了直接帮助你达到这些目标。然而，假如对方对你的反应是抵触、怨恨、自我辩护，这也许会激发起你想证明是他错了的愿望，你也许想不顾对方的面子去证明他是错的或你是正确的。这种目标与前面提到的 3 个目标就不一致了。

有时可能连你自己都未意识到你的目标已发生了微妙的变化。假如你产生了怨恨的情绪，这种情况就可能发生，下面显示的一些内心活动也许就是由于怨恨产生的。假如你发现自己也有这样的内心活动，那就把它们当作可能使你转换目标的危险信号吧：

"为什么我要听他讲？他根本就没有听过我讲！"

"他应该受到指责，为什么还要我向他道歉？"

"我应该让他知道他的所作所为是多么糟糕。"

"他给我带来了这个问题，结果他未受到任何惩罚，他甚至也没有向我表示过歉意，这不公平。"

3. 过去的关系不好

假如你和对方过去就存在着怨恨，那么要通过共同解决问题的方法成功地达到目标就很困难了，因为共同解决问题的方法是建立在相互尊重的基础上的。没有相互尊重，协商就可能失败。双方过去关系不好很容易使双方有一些抵触的反应。但另一方面，假如你十分小心地使用一些技巧，你是可以建立起双方的相互理解和相互尊重的。首先消除你自己的怨恨情绪，然后运用扬长避短和倾听反馈的技巧来建立起理解、尊重气氛，这样你就能够有效地处理问题了。

4. 对方不关心你的需求

假如对方不关心你的需求，他就不会有动力来帮助你解决问题。为了克服这个问题，你需要了解他为什么不关心你的需求。

对方是不是认为你的需求是你自己的事，与他无关呢？假如他确实这么想，你有必要向他说清他的行为给你带来的问题。

是不是你说了或做了什么而导致对方产生不满情绪？假如你认为可能是这种情况的话，你可请对方谈谈他的那些情绪。你要使用倾听和反馈的方法来表达你对他感情的理解和接受，然后对他所描述的以恰当的方式进行反应。你可以表示一下歉意或解释一下你的行为或当时的情况。一旦解决了这个问题，对方就可能乐意与你合作了。

对方是不是害怕共同解决问题的结果不会使他满意？假如是这种情况的话，你要向对方保证你是想找到一个令双方都满意的解决方案的。说话时一定要真诚！

对方是不是不愿花时间来解决你的问题？这有两种可能：一是对方确实没时间，二是前面提到的任何一种原因。假如对方不愿花时间来帮助解决你的问题，你应考虑其他的办法，如改变你自己或改变环境。或者你不得不把原来的问题暂时搁在一边，先着手解决对方不愿花时间这个问题。

比如，你可以先用建设性交谈语句讲述一下对方不愿花时间来解决你的问题对你造成的影响。在谈论你的问题时，要做到思路清晰。必要时应坚持不懈。

对方是不是虽然明白他给你带来了问题，但完全不在乎你的需求呢？这种情况的可能性不大。虽然满足你的需求可能没有满足他自身需求那么重要，但大多数人一般都不想给别人带来什么问题。你要小心翼翼地倾听，随时收集对方的非语言信息并进行反馈。通过这样的过程，你可能会找到他不愿意合作的原因，你可能也会对他更加了解。

也有可能对方感到自己太糟糕、太不行了，以至于根本没有心思来考虑别人的需求。通过倾听，你可以给他一样他最需要的东西，你要使他感觉到他是一个有价值的人，并表示他的感情值得你理解和尊重，你可增强他的那种感觉。这个过程虽然耗费时间，但它也许是对时间的最有价值的使用。

当然，也有可能由于对方的感情处于瘫痪、崩溃的边缘，从而使他不容易向你或其他任何人吐露他的真实情况。有时你只好接受现状，考虑不要求对方主动合作的方案。也许你可以用别的方式来满足你的需求，也许你可以改变自己，使你不再有那样的需求。在考虑很危险的强迫型的方法前，你最好多想想是否有不需要对方合作的解决问题的办法。

团结协作的培养

 团结——体育的精神

体育锻炼对大部分人来说，是对耐力与毅力的挑战。人们为了能有强壮的身体，为了能有一个完美的身躯，付出了大量的汗水和时间，追求着自己梦寐以求的理想。最终，有一部分人实现了他们的理想，而有些人却实现不了。这是为什么呢？

原因是要想实现最终的目标和理想，要有一个信念，那就是："坚持不懈，顽强拼搏。"

然而，这是针对于个人的锻炼来说的。一支队伍，要在实践中不断进步，不断提高水平，仅靠个人的努力是不够的，必须要大家一起努力，才能使一支队伍慢慢地壮大，慢慢地成长。

团结是一切努力的基本，没有团结的意识，没有团结的核心，要想成功根本就是无稽之谈。在训练场上只懂得自己风光炫耀，却忘记了团队精神，虽然自己扬名千里，可是整个队伍也许会因为你的表演而毁了前程。要想自己出名，又要使队伍胜利，你只有与自己的队友们齐心协力，在训练中积极刻苦，心中以"团结就是力量"的意识去磨炼队伍，磨炼自己的意志。

就像某些班级的篮球队，虽然大家对篮球十分热爱，各个队员水平都不错，可是每次比赛总是以失败告终，以至于大家的信心没了。

水平不算差，可是结果总是让人失望。在场上，只懂得表现自我，忘记了这是一场团体的比赛，只当是自己的表演秀，这就是缺少团队精神。一段时间过去了，大家在平常训练中逐渐把团结的思想铭记脑海，时时刻刻把这种精神投入到训练中。

每次运动会，不知大家有没有注意到一种现象：本班级的男生在长跑比赛中气喘吁吁地奔跑着，班上的女同学则是非常热情、非常投入地为他们加油，是什么使得女生们这么卖力地为男生加油？是团结的精神促使她们这样，为了班级的荣誉，为了同学们能取得好成绩而"努力"着。

一支队伍没有凝聚力，就像一盘散沙，可以被对手轻而易举地战胜。那这样就称不上是一支队伍，更像是一辆公共汽车，随意上，随意下，任其自由，毫无意义。所以，一支队伍的凝聚力是非常重要的，队员之间一定要互相帮助，互相学习，要以大局为重，才能建立起一支强大坚固的队伍。无论做任何事，心中铭记"团结就是力量"！

 细说足球中的团结协作

足球可能是当前国际最狂热的运动了。考证起来，它起源于中国古代的一种球类游戏——蹴鞠，后来经阿拉伯人传到欧洲，发展成现代足球。很多国家将足球定为"国球"。现代足球运动在英国兴起后，通过英国的海员、士兵、商人、工程师和牧师等传播开来。

英国足球协会于1872年开始举办优胜杯赛，从而使足球运动流行全国。1875年现代足球传至荷兰、丹麦，1882年传至瑞士，1885年传至德国，1890年传至捷克斯洛伐克，1894年传至奥地利，这些国家相继成立了足球协会。1904年，法国、瑞典、瑞士、比利时、西班牙、荷兰、丹麦7个国家的足球协会在巴黎召开会议，成立了足球国际性组织——国际足球联合会，英文缩写为"FIFA"。

它是奥林匹克委员会的一个单项体育组织，是世界上会员最多的国际单项体育组织。发展至今，FIFA 已有会员 200 多个，其总部设在瑞士的苏黎世。

1930 年开始的四年一届的世界足球锦标赛（世界杯足球赛）是世界上最引人注目的大赛，它是世界上规模最大、影响最广、水平最高的足球比赛。除此之外，还有奥运会足球赛、世界青年足球锦标赛、世界少年足球锦标赛、世界女子足球锦标赛、世界室内足球锦标赛等比赛。

足球赛

足球运动有如此大的魅力，不仅在于足球运动孕育着丰富的内涵，而且也与足球运动的团结协作特点有关。

集体性。足球比赛每队派 11 人上场比赛。场上的 11 人思想统一，行动一致，攻则全动，守则全防，整体参战的意识要强。只有形成整体的攻守，才能取得比赛的主动权及良好的比赛结果。

宏观性。足球比赛场地大，人数多，如何利用好场地和人数是胜负的一个关键。双方利用有效的传切、流畅的配合突破层层防线，通过空间上大范围的转移球调动对方，以期达到找到漏洞或撕开防线的目的。同时，足球联赛赛季很长，比赛任务很繁重，合理分配体能，适当轮换球员都需要全盘考虑。

缜密性。足球运动粗中有细，大块头其实是很有智慧的。个人盘带讲求技术细腻到位，时机得当，有时短短的时间差或几步的距离，都可能造成突破、妙传甚至进球！而双方球员不仅在足球上对抗，心理上也在不断地较量：小动作骚扰、大动作施压造成对方的恐惧，言语上的挑衅激怒别人，关键时刻在高压下处理球（如点球时射手和门将的心态，加时赛时能否保持清醒）都是足球的看点与可咀嚼之处。

竞争性。足球运动是一项竞争激烈的对抗性项目，比赛中双方为争夺控制权，达到将球攻进对方球门，而又不让球进入本方球门的目的，展开短兵相接的争斗，尤其是在两个罚球区附近时间、空间的争夺，更是异常凶猛，扣人心弦。一场高水平的比赛，双方因争夺和冲撞倒地次数多达 200 次，可见对抗之激烈。

复杂性。足球运动是一项技术上多彩多姿、战术上变幻莫测、胜负结局难以预测的非周期性运动项目，比赛中运用技巧、战术时要受对方直接的干扰、限制和抵抗。技巧、战术依临场中具体情况而灵活机动地加以运用和发挥。

简易性。足球竞赛规则比较简单，器材设备要求也不高。一般性足球比赛的时间、参赛人数、场地和器材也不受严格限制，因而是全民健身中一项十分易于开展的群众性的体育运动项目。

国际足球联合会世界杯比赛，简称世界杯足球赛（旧译世界足球锦标赛），是由国际足球联合会统一领导和组织的世界性的足球比赛。每届比赛从预赛到决赛，前后历时 3 个年头，参加预选赛的国家约 100 个，是世界上观众最多的体育比赛项目之一。2001 年 10 月 7 日，中国男子足球队在世界杯预选赛中获得小组第一，以 6 胜 1 平 1 负的战绩首次跻身世界杯决赛圈。

 ## 细说篮球中的团结协作

篮球运动是由美国马萨诸塞州斯普林菲尔德尔市基督教青年会干部训练学校教师詹姆士·奈·史密斯博士于 1891 年发明的。

经过一个较短时期的传播，篮球运动便从学校走向社会，由美国传向其他国家。1896 年前后，篮球由天津中华基督教青年会传入中国。伴随着篮球活动的游戏性、健身性和娱乐性等特性，篮球竞赛应运而生并逐渐完善。1908 年，美国制定了统一的篮球规则并用

篮球赛

多种语言出版，发行全世界。这样，篮球运动逐渐传遍美洲、欧洲和亚洲，成为世界性运动项目。

下面是篮球场主要位置角色分工与合作介绍。

控球后卫是篮球场上拿球机会最多的一个人。他要把球从后场安全地带到前场，再把球传给队友，这才有让其他人得分的机会。一个合格的控球后卫，必须能在只有一个人防守他的情况下，毫无问题地将球带过半场。然后，他还要有很好的传球能力，能够在大多数的时间里，将球传到球应该要到的地方：有时候是一个可以投篮的空当，有时候是一个更好的导球位置。简单地说，他要让球流动得顺畅，他要能将球传到最容易得分的地方。更进一步说，他还要组织本队的进攻，让队友的进攻更为流畅。

对于控球后卫，还有一些其他的要求。在得分方面，控球后卫往往是队上最后一个得分者，也就是说除非其他队友都没有好机会出手，否则他是不轻易投篮的。或者从另一个角度说，他本身有颇强的得分能力，而以其得分能力破坏对方的防守，来替队友制造机会。总而言之，控球后卫有一个不变的原则：当场上有队友的机会比他好时，他一定将球交给机会更好的队友。

得分后卫自然以得分为主要任务。他在场上是仅次于小前锋的第二得分手，但是他不需要练就像小前锋一样的单打身手，因为他通常是由队友帮他找出空档后投篮的。不过也正因为如此，他的外线准投与稳定性要非常好。

得分后卫通常要做两件事：第一是有很好的空档来投外线，所以他的外线准头和稳定性一定要好，要不然队友千辛万苦找出个好机会，却又投不进去的话，对全队的士气和信心打击颇大。第二则是要在小小的缝隙中找出空档来投外线，因此他出手的速度要快。一个好的得分后卫总不能企望每次都有这么好的空档，他要能在很短的时间内找机会出手，而命中率也要有一定的水准。如此的话，才能让敌方的防守有所顾忌。必须拉开防守圈，以更利于队友在禁区内的攻势。

小前锋是球队中最重要的得分者。对小前锋最根本的要求就是要能得分，而且是较远距离的得分。小前锋一接到球，第一个想到的就是要如何把球往篮筐里投。他可能会抓篮板，但并不必要；他可能很会传球，但也不必要；他可能弹跳很好，但仍不必要；他可能防守极佳，但还是不必要。小前锋的基本工作，就是得分、得分、再得分。

小前锋是对命中率要求最低的一个位置，一般而言，命中率只要有四成五就算得上合格，甚至四成以上都可以接受。当然这有一个前提，就是他要能得分。假如一个小前锋每场球得个七八分，命中率还只有四成的话，那还不如叫他去坐板凳算了。话说回来，为什么小前锋的命中率可以比较低呢？因为他是队上主要得分者，他通常要积极找机会投篮，要在某些时刻稳定军心，甚或以较困难的方式单打对手来提升士气，乃至于给对手下马威，给予敌方迎头痛击等。所以小前锋会有较多的机会出手，而且可能是不太好的机会，因此我们可以容许他的命中率稍低，只要他能得分的话。

大前锋的任务可以说是做苦力，抢篮板、防守、卡位都少不了他，但是要投篮、得分，他却通常是最后一个。因此，大前锋可以算是篮球场上最不起眼的角色了。

大前锋的首要任务就是抢篮板球。大前锋通常都是队上篮板抢得最多的人，他在禁区卡位，与中锋配合，往往要挑起全队的篮板重任。而在进攻时，他又常常帮队友挡人，然后在队友出手后设法挤进去抢篮板，做第二波的进攻。

大前锋一般出手较少，投篮的位置又很靠近篮筐，对其投篮的命中率要求也较高。以场上5个位置来说，大前锋应该是命中率最高的一个，不错的大前锋，命中率应该达到五成五以上。不过由于得分不是他的强项，因此他的得分可以不多，但是篮板一定要抢得多。另外，防守时的"盖火锅能力"自然也是大前锋所必备的，因为他要巩固禁区，防守当然重要。其实说穿了，大前锋就是要做好两件事：篮板和防守。

中锋，顾名思义，就是一个球队的中心人物。他多数的时间是要待在禁区里卖劳力的，他在攻在守，都是球队的枢纽，故被称为中锋。

中锋要做哪些工作呢？首先，篮板球是绝对的。再来，禁区又是各队的必争之地，当然不能让对手轻易攻到这里面来，因此阻攻、"盖火锅"的能力也少不得。而在进攻时，中锋通常有机会站在靠近罚球线的禁区内（此乃整个进攻场的中心位置）接球，此时他也应具备不错的导球能力，能将球往较适当的位置送出。以上3项，是中锋应具备的基础技能。而在球队中，中锋也通常身负得分之责，他是主要的内线得分者，与小前锋里外呼应。因为他要能单打，因此在命中率上的要求可以低些，但他出手的位置又往往较接近篮筐，因此命中率又应该高些，大致来说，命中率在五成二可以作为一个标准。对中锋命中率的要求，是仅次于大前锋的。

作为好的中锋，还需要"多才多艺"。在进攻方面，中锋在接近篮筐的位置要有单打的能力，他要能背对着篮筐做单打动作，转身投篮是最通常的一项，而跳勾、勾射则是更难防守的得分方式。防守上，要称为一个好的中锋，那除了守好自己该看的球员之外，适时帮忙队友的防守是必需的。简单地说，若敌方的球员晃过了队友的防守而往篮下进攻，中锋便要有一夫当关之勇，守住己方的禁区。当然，不是说每回都能滴水不漏，但总是要有"能帮忙"的能力，若一个中锋只能守住自己防守的人，那是不够的（除非对方是超强的进攻中锋）。

中锋有一种特别情况，也就是外线中锋。他与正常中锋的差别在于，他的进攻主要是跑到外面去投外线，而少做禁区单打的工作。由于中锋的个头高，其他矮个子根本守不住，因此到外线投篮可以把对方的中锋引过来，故其在前锋较强时也相当管用；而在防守时，他就与一般中锋无异，照样防守对方中锋，照样地抢篮板。

作为受到热捧的体育运动，国际上的重大篮球竞赛活动除奥林匹克运动会篮球赛和世界篮球锦标赛以外，还有传统性的欧洲、亚洲、非洲、南美洲、中美洲、欧美运动会等地区性的篮球赛，以及世界大学生、中学生运动会篮球赛，世界军队和世界俱乐部篮球锦标赛等。奥运会篮球比赛历届参加的办法不断变更，到 1980 年的第 22 届奥运会时，规定为 12 个国家参加，产生这 12 个参与国家的办法是：上届奥运会篮球赛前 3 名，欧洲预选赛和美洲预选赛的前 3 名，亚洲、非洲和大洋洲各 1 名。奥运会篮球比赛每四年举办一次，分两组进行两个阶段的比赛决定名次，设男子比赛和女子比赛。世界篮球锦标赛男子比赛从 1950 年开始，女子比赛从 1953 年开始，男、女比赛分别举行，一般是四年一届。历届世界男篮锦标赛的参加办法不完全相同，到 1978 年第 8 届时，参加办法是：上届奥运会篮球赛前 3 名，上届锦标赛前 3 名，欧、美、亚、非、大洋洲锦标赛冠军队和主办国，被邀请国（按规程规定，主办国可邀请 1~2 个国家的球队参加比赛），共 14 个队分 3 组进行预赛，各取前两名。然后，预赛选出的 6 个队加上上届冠军和本届主办国队，共 8 个队采用单循环制决赛。

 ## 羽毛球双打的协作技巧

羽毛球双打是一项需要团结协作的运动。相信大多数人一开始的目的很简单，就是出出汗，活动下筋骨，找个不受日晒雨淋的场所锻炼下身体。

后来，我们会慢慢发现这项运动战术丰富，对抗激烈，竞技性强、娱乐性高，不仅能锻炼身体，提高技术，还能培养坚忍不拔的意志品质，精诚合作的团队精神，积极向上的人生态度，简直百利而无一害，不由兴趣盎然，其乐无穷。

培养双打技巧和短时间提高技术，应特别注意以下几点：

（1）双打节奏快，技术上对平抽快打的要求很高，尽量不起球是基本原则，特别对于网前队员的速度、反应要求很高。注意平时训练加快节奏。

羽毛球双打

（2）双打是两个人的合作，因此搭档相对固定是双打技术提高的前提，频繁变更搭档是提高双打质量最大的障碍，应尽量避免。

（3）理念比技术更重要。双打的时候，对方场地空档较小，拉开突击很难实现，要得分，往往不是一拍两拍能够达成的。因此，双打讲究"优势"和"扩大优势"，两个人必须不断地制造优势，并在取得优势之后连续扩大优势！这是配合的主要目的！如果大家的理念不一致，好不容易取得的优势可能会因为队友一拍的理念错误全部消失，这样不仅对取胜没有帮助，还会极大地打击己方的积极性，造成心理弱势。

（4）注意选择重量84克以下的球拍，业余选手如果使用过重的球拍，在双打中对速度和节奏的影响非常之大。为了保持快节奏，在短距离内能够做出动作，应选择相对中等偏轻的球拍。虽然牺牲一定的进攻力度，但可以得到较快的节奏提升。

（5）握拍的时候尽量朝前握，应该握在球拍柄的前端，这样也是可以提高挥拍速度和节奏的。特别是网前队员必须如此。如果不会，应尽快练习。

（6）双打进攻的精髓是连续性。一旦从发接发或者防守中获取了主动后，第一板先杀下去再说，不管是顺时针还是逆时针的轮转换位，己方的两个人马上变成前后站位，后场下压，前场封网，前赴后继，步步追杀，不要给对手喘息之机，同时注意落点和节奏的变化，杀追身，杀空档，杀移动，杀结合部，忽吊网前，突放后场，这就要求搭档的双方合作紧密，心有灵犀，心往一处想，劲往一处使。双打高手组合，除了他们特点互补、防守严密外，最有特色的就是他们的进攻，只要找到机会形成下压或者平抽，他们并不指望一招制敌，而是配合默契连续不断地一拍快过一拍、一拍刁过一拍地轮流进攻，把一点点的优势慢慢扩大，直到最后一锤定音。

综上所述，双打比单打有乐趣，主要是战术可能更多，变化更强，技巧决定胜负的可能性更大。注意以上几点，会对双打技巧的快速提高有很大帮助。

 通过广播操培养合作精神

体育课的教学内容基本可以分为队列广播操、主教材、辅助教材等几个方面。广播操在课堂活动中，可以通过以下几个环节进行学生合作精神的培养。

1. 通过队列编排练习培养学生的合作精神

队列练习包括稍息、立正、向右看齐、向前看和报数等练习，这些都是培养学生正确身体姿态必修的入门课，小学生的第一堂体育课肯定是队列练习。这也正是培养学生合作精神的必要步骤。

在练习中，学生如不注意整体协调，想出就出、想站就站、想快就快、想慢就慢，那么肯定会不成样子，根本体现不出集体的意识，也无法体现团结协作的精神。

因此，教师在教导学生进行练习时可以这样要求："大家做动作时要时刻想着集体，按照口令注意整体配合，做到步调一致、精神抖擞。如果一个人的动作错了，就会影响到整个班级的容貌、精神。"通过这一明确要求，不仅能培养学生遵章守纪的自觉性，而且能进一步增强学生的集体主义荣誉感，使学生做到动作整齐一致，同时又达到了体育课的要求，从而使学生自觉地配合，也使学生有一种严而有度的良好上课氛围。

2. 在广播体操练习中可以培养学生的合作精神

广播体操属于群体性练习方式，是一种最基本的体育练习。因此，在广播体操练习过程中也可以运用合作的方法进行体育教学。

如广播体操中的一个项目叫做"双人操"，这个项目的练习就是培养学生合作精神的好方法。"双人操"顾名思义是由两个人共同完成的动作，所以需要通过两个人协调配合才能够很好地完成。但是，如果在做"双人操"时学生不相互配合或配合不好，做出的动作肯定达不到练习的效果，所以需要学生集中精神，密切配合。

因此，在做操前，教师可以向学生提示动作重点、难点或提出要求，如注意协调配合，注意协调用力，注意整体效果等。经过提示后，学生做动作时肯定会有意识地注意同其他人配合，这既增进了同学之间的友谊，也达到了体育教学的目的。

 接力跑中的合作精神

光凭游戏培养学生的合作精神还是不够的，接力跑练习也是培养学生合作意识的体育项目。

接力跑是田径运动中唯一的集体项目。以队为单位，每队4人，每人跑相同距离。其起源有多种说法，有人认为起源于古代奥运会祭祀仪式中的火炬传递，有人认为与非洲盛行的"搬运木料"或"搬运水坛"游戏有关，也有人认为是从传递信件文书的邮驿演变而来。

在群众性体育活动或者一般体育练习中，还有不同形式的接力跑，如不同距离的团体接力，各种形式的迎面接力、异程接力等。

接力的瞬间

接力跑练习的教学目的就是培养学生准确地传接棒以及培养学生相互配合的集体协作意识，它是由多人参加并完成的体育项目，练习过程需要学生相互配合，因此合作显得尤为重要。

例如，在练习过程中，如果学生精神不集中，肯定会造成接棒不够准确或者掉棒现象，那么在练习或比赛过程中肯定不会很好地完成任务，也就取得不了好成绩。因此，只有通过大家团结合作、积极进取，才能很好地完成练习或比赛，从而使学生认识到团结就是力量。

技巧项目的合作精神

体育教学中，还可以在技巧练习中培养学生的合作精神。技巧项目是锻炼学生协调灵敏性的体育项目，一般认为是个人项目，不过如果教育得当，在练习时也是可以培养学生的合作精神的。

技巧项目"肩肘倒立"是一个比较难做的动作。通常，有的同学因为腰部或者胳膊没有力量，往往在练习时不易做好或者是根本就形不成倒立的动作。在这时通过小组团结合作练习的方式，就能很容易地把这个问题解决掉。

例如，在练习时可以把学生分成两人的小组，让学生互助练习。一人做动作，一人站在体操垫旁边进行保护、帮助。在垫上练习的同学向上举腿的一瞬间，小伙伴在旁边提一下他的踝关节，练习的同学借力迅速叉腰、收臂，经过一连串的动作后，练习的同学就会很容易地完成倒立动作。

学生完成了这些技巧性的动作，可以获得一定的成就感和自豪感，同时也明白了他人对自己成功的意义，从而明白团结协作的重要性。

 体育合作意识的培养

合作意识可以概括地说是个人意愿、情感、思维、感觉等过程的心理总和。其中，主体意识、参与意识、情感意识是合作的重要因素。如果合作有意义，那么个人的行为、成功和荣耀与集体息息相关，个人成功与团体的成功同样重要时，个人就会意识到合作的价值。

明白了合作意识的内涵后，在体育教学实践中，教师需要注意以下 3 点：

1. 强化学生主体意识的能动性

不可否认，学生是体育学习的主体。首先，"人的主体性首先是指作为活动主体的能动性"，教师在教学中应充分调动学生的能动性。其次，要全面观察分析每个学生，善于发现和开发学生潜在素质的闪光点，给学生创造一个自主发展的空间，使他们的思维个性得到充分自由的发挥。同时，允许学生在发展程度和素质结构上存在差别，这既是对"人"的尊重，也是社会发展的现实和未来对人才素质的又一特殊要求，要让学生感到自我价值与发展。

综上所述，教师在教学中应营造一个良好的学习环境，用丰富多彩的集体活动来培养学生的主体意识，如在合作体中探索、创新学习的内容与形式，通过展示感受成功。

2. 重视态度情感意识的驱动性，开发学生潜力

态度和情感能促使人奋发，调整人的内在动力系统，砥砺内在的学习态度，促进人的成功。所以它是体育教学过程中的评价内容之一。我们应把情感态度作为新教学的重要内容来实施，这是我们培养学生合作意识的重要因素，因为"科学教育不仅使人获得生活和工作所需的知识和技能，更重要的是使人获得科学精神、科学态度、科学思想以及科学方法的熏陶和培养，使人获得非生物本能的智慧，获得非与生俱来的灵魂"。这说明态度情感因素在教学内容中的重要价值。教学中，教师应积极发掘教学中能体现真、善、美的态度情感因素，并作为教学目标和内容的一部分，让学生在学习中得到真、善、美的价值体验。

3. 认识参与意识对学生的积极性

体育教学如果没有参与，就难以体现教学的本质。"教学的本质是信息交互，是认识交换，是学生的人际交往"，这些都与个体的参与息息相关。《课标》把"运动参与"作为重要的学习领域之一，而且它在各个学习领域中的载体作用是不言而喻的。一方面，教师应具有参与活动的态度和行为，注重习惯、兴趣和意识的形成；另一方面，用科学的方法参与体育活动，强调理性参与。因此，教学中教师应在学生的"参与"上下功夫，让学生积极主动地参与学习，并带动别人参与学习，从而逐步培养学生的合作意识和精神。

 ## 体育合作技能技巧的培养

在体育教学实践中，令人困惑的问题是：很多学习小组都出现了合作不顺或者貌合神离、无话可说的状况。关于这个问题，某青年研究中心对必要的社交技能进行了总结，认为"组成技能、活动技能和交流技能"是合作应具备的条件。在体育教学活动中，离不开合作、交流的形式和内容，因此，体育教学活动在培养学生的合作技能技巧上具有独到之处。

1. 如何分组的培养

在教学中我们发现，很多学生面对分组或自由组合时往往不知所措，在合作的第一步就卡住了。因此，教师应有目的有计划地对学生进行基本的社交性语言的引导和要求，让学生学会沟通。如："你好，合作愉快"，打招呼互相问候，自我介绍，或微笑、握手、击掌等，创造一种合作氛围，尽快地适应和融入小组。这些常见的语言和动作是组成合作体的重要开端，在体育教学与活动中很容易做到，但又常常被教师和学生所忽略。

2. 如何培养各个小组的活动技能

一个团体的灵魂和核心是凝聚力，有凝聚力的团体才有生命力，缺乏这一点，合作体就有可能解体，或流于形式。

那么，这种凝聚力是什么呢？它应是小组成员对共同目标的确认和对这个目标的努力和激励。在教学实践中，体育教师应积极参与和激励学生合作，引导和鼓励学生积极评价自己和他人，表达感谢与应答感谢，倾听和尊重他人讲话，"鼓励他人参与"，"尊重差异，善于从别人的立场看问题"，对小组成员的成功进行赞赏，对失败进行鼓励等，以增强合作体的相互理解和友谊，逐步形成与人相处的技能，这也是体育教学的重要目标之一。

3. 团队交流技能的培养

交流的主要工具是语言，"交流的过程就是彼此把自己所拥有的提供给对方"。心理学家认为："语言的第三个职能是交流的职能，即传达知识、态度和感情。"

在教学中，体育教师要让学生在合作体中彼此传达知识、态度和感情，活跃小组活动的气氛，积极提建议与应答，"询问原因和提供原因，有礼貌地表示不赞同与不赞同的应答，或学会说服他人"，"学会微笑与倾听，做会说话的人"等。教师应在语言表达上给予积极地引导，让学生在学习过程中经常运用，形成习惯。

团结协作从身边做起

 ## 亲子活动，团结协作第一步

俗话说："血浓于水。"骨肉之情、亲子之情本是与生俱来。过去人们生活节奏慢，大部分时间，孩子都跟父母家人在一起，基本上没有什么亲子问题。

"家和万事兴。"古人把齐家作为治国平天下的前提，十分注重家庭关系的协调。家庭成员由血缘与姻缘联系在一起，构成人类最自然的社会关系，有着割不断的亲情。家庭和睦，要求家庭成员在自然亲情的基础之上，互爱、互敬、互助。

中国古代有许多和睦家庭的典型，家庭成员之间长期共同生活产生的相互依恋，源于亲缘关系上滋生的深厚的爱，这是家庭和睦的情感基础。春秋时鲁国村妇和三国张范舍子救侄，不仅出自对晚辈的眷护，更渗透着手足同胞之情，这种同胞之爱，已经升华为一种崇高的道义。汉代继母女相互救护、南朝梁王玄绍兄弟代死等，都是不惜以自己的生命去维护、谱写家庭成员间的爱之情。

从上面这类事例中，我们可以感受到家庭团结中所体现的无私的自我牺牲精神。

汉代郑均劝谏、孔融让梨则表现了兄弟间的互敬、关心与爱护。尤其是郑均的故事，告诉我们家庭成员间的尊敬并非绝对服从，更包含着对亲长积极的爱护、真诚的关怀。汉代薛包分财、晋代王览护兄、宋代司马光受教，则把家庭亲爱之情灌注到生活的相互照顾、事业的相互帮助上。

总之，和睦家庭不是要求无原则的一团和气。要从根本上协调好家庭关系，必须把亲爱之情化作真诚的关心、爱护与帮助，以私情服从公义。只有这种渗透在互爱、互敬、互助中的骨肉亲情，才能形成家庭成员间的凝聚力，也才能使我们真正享受到不同于其他人际关系的天伦之乐。

遗憾的是，由于现代社会竞争的日趋激烈，年轻的父母大多把大部分精力用在工作及不断学习、提高中，以至于亲子之间出现了隔膜和代沟。"打架亲兄弟，上阵父子兵"，不知何故，家庭内部的团结协作也出现了问题。

亲子活动，顾名思义，就是由家长和孩子共同参与、相互合作进行的一系列活动。那么亲子活动究竟有何意义呢？

首先，它有利于增进家长和孩子之间的情感交流，促进家庭内部的团结协作。

古希腊某位哲人曾说过：感情是由交流堆积而成的。任何一种感情的升华都有赖于交流。曾几何时，亲子间的接触不再像往日般频繁，与孩子共同游戏的时间更是明显减少。为什么不抽个阳光灿烂的周末与您的孩子共同进行一次别开生面的活动呢？它会让您的孩子更爱您，也会让您那颗因工作而疲劳的心得到片刻的安宁，享受真正的天伦之乐！

其次，亲子活动有利于孩子身心的健康成长。

人是一种群体动物，群体的特征之一就是团结协作。团结协作有利于孩子的健康成长。现代健康理念已将健康的概念拓宽到生理、心理及社会适应能力三方面，而亲子活动寓教于乐，寓知识于游戏中，同时开发孩子的智力，提高其动手能力、反应力、创造力，使孩子能在德、智、体、美、劳各方面得到全面发展！

第三，亲子活动有利于激发孩子的内在潜能。

不知各位家长是否注意到，当您在参与孩子的活动时，您的孩子往往表现特别出色。其实，每个孩子都有这样一种心理，希望有人看着他，希望自己是亲人视线的焦点。父母鼓励的目光是他们不断进取的动力，也往往能激发他们的内在潜能。每个孩子都希望在父母面前表现一把，让父母为他们骄傲，而这也正是我们开展亲子活动的目的之一。它能使您的孩子更优秀、更上进，最终成为真正的新世纪人才！

 ## 亲子活动，家长有责

在幼儿团结协作能力的教育中，教师与家长都是儿童教育的主体，两者的共同目标是促进儿童的发展，相互间是合作伙伴关系。

可是当前教育的一个重大误区，就是有很多家长因平时工作太忙，没有多少时间去顾虑孩子，认为孩子放在幼儿园让老师教育就可以了，对孩子在幼儿园的方方面面也很少过问。在这种情况下强调亲子活动，家长们的责任重大。

1. 亲子活动中，家长需要建立主人翁意识

以前就常常有家长这样对教师说："老师，你说了算。""老师，你看可以就行吧。"这类家长完全没有认识到自己的责任和义务，缺乏参与幼儿教育的意识，家长应知道，儿童既是自己的子女，也是国家的未来，自己有责任与教师合作共同培养孩子。开展亲子活动可以让忙碌的家长建立主人翁意识，与教师共同担负起教育孩子的责任。

2. 家长要走近幼儿园（学校），了解一些教育理念

亲子活动可以帮助家长了解孩子的情况，走近幼儿园（学校）。在活动中，教师有针对性的指导可以缩短教师与家长的距离，同时经过观察教师的教育行为和孩子的表现，家长反思自己的家庭教育

内容和方法，使家长在活动中获得正确的育儿观念和育儿方法，并将观念和方法融入到与孩子相处的每一刻，逐步了解培养、教育孩子的重要性，从而最终实现孩子的健康和谐发展。

3. 充分认识亲子关系的意义，促进亲子关系的健康发展

家庭中的亲子关系将对孩子终身发展产生重大影响。亲子关系直接影响孩子的心理发展、态度行为、价值观念及未来成就，但由于现代社会中，家长的压力较大，被自身的一些问题所缠绕，导致自身的情绪不稳定，对孩子的态度较急躁，导致亲子关系比较紧张，缺乏应有的和谐、愉悦。

还有些家庭，几个大人围着一个小孩，对孩子过分溺爱，这种亲子关系也是不正常的。孩子完全以自我为中心，完全不知道与家人团结协作的意义，将来离开家庭进入社会，适应社会、融入集体将成为一个难题。

由此可见，在孩子的成长过程中，健康的亲子关系是多么重要。开展丰富多彩的亲子活动不仅有益于亲子之间的情感交流，促使亲子关系健康发展，同时对幼儿本身的发展也具有重要的促进和影响作用。

4. 家长要与幼儿、教师搭起一座沟通的桥梁

开展亲子活动满足了幼儿依恋父母的情感需要和家长希望了解孩子在集体生活中一些情况的愿望，同时是进一步密切教师与家长的关系，实行家园同步教育的好形式。有些家长为了很好地培养孩子，不让孩子输在起跑线上，经常去学习、吸取好的教育知识和育儿经验，都成了半个育儿专家。通过开展这样的亲子活动，家长之间可相互交流，相互学习，共同探讨"育儿经"。

孝与养之间的团结协作

　　亲子之情是人类的天性。父母给了我们生命和最无私的爱，为了哺育我们成长，父母呕心沥血。孝敬父母就是强调子女对父母的赡养、尊敬与爱戴。古人把它看得很重，它是每一个做子女的人应该遵循的行为规范，也是一切道德的基础。

　　父母养育子女，子女孝敬父母，子女再养育孙子……这是一个具有延续性的团结协作过程。古人有句话叫作"乌鸦有反哺之恩，羊羔有跪乳之德"，意思是小羊一边吃着母亲的奶，一边跪着表达自己的孝敬之意，而小乌鸦长大后也知道叼食来赡养老乌鸦。这说的就是家庭亲子关系中互相协作的精神和感恩精神。

　　汉代陆绩看见席上的桔子，首先想到的不是自己，而是要给母亲带几个吃；明代归钺受继母虐待，但父亲去世后他仍独力赡养继母；清代吴氏兄弟争养老父；杨成章、朱寿命、刘祺历尽艰辛寻找父母，都不仅仅是供给父母衣食，而是灌注着深深的敬爱之情。当父母身处危难之时，子女奋力解救，更体现出孝敬之心。三国时司马芝面对强盗，为使母亲免遭毒手，舍生忘死。清代高裔则是通过刻苦学习来救赎父亲。

　　特别值得注意的是，在中国古代有不少女子也像男子一样，以自己勇敢的行为解救父母于危难，这在歧视妇女的封建时代显得尤其可贵。缇萦上书救父，花木兰替父从军，几千年来被人们广为传颂。

　　花木兰代父从军的故事在我国代代相传、经久不衰。如今，花木兰的艺术形象被搬上舞台，花木兰也成为人们歌颂的对象。

　　花木兰的故事并非虚构杜撰，在我国历史上，确有花木兰其人，也确有她女扮男装、替父从军的事。

在花木兰生活的时期，少数民族经常侵扰中原，掠夺财物，给中原地区人民的生产和生活造成了极大的危害。于是，皇帝下令征兵抗击，花木兰的父亲也在应征之列。卫国保家、抵御强暴，本是每一个热血男儿义不容辞的职责，可是偏偏就在这个时候，花木兰的父亲重病在身，连床都不能下，根本无法从军。调防令一次次地催逼，父亲的病却一天天地加重。按当时的律例，应征者无法从军，可由家中其他男丁替代，可是花木兰没有哥哥，只有一个年龄还很小的弟弟，无法应征。军令如山，违抗了军令不仅父亲要被治罪，还会祸及全家。一家人整日愁眉紧锁，唉声叹气。

大家正着急时，从屋里走出一个戎装小伙，英姿飒爽。大家都愣住了，定睛一看，才认出这个少年就是花木兰。

在家中，木兰性情最为刚烈，对父母也极为孝敬。她见家中处境困难，暗暗思忖："父亲病重，弟弟又年幼，无法从军，我虽是女儿身，难道就不能为父母分担忧愁，不能担负起卫国保家的责任，像男子一样从军打仗吗？"所以，木兰决定女扮男装，替父从军。面对木兰的惊人之举，父母既激动又十分担心，一个弱女子混在男人堆里拼搏厮杀，怎能让人放心得下。可是，不让她去，全家都将被治罪。木兰看出了父母的心思，安慰道："父母放心，女儿此去征战边关，既为朝廷又为全家，即使战死沙场也无遗憾。"父母见女儿态度坚决，只得流着泪送她踏上了征途。

从此，花木兰跟随军队转战千里，驰骋沙场。耳边听到的不是父母亲切的呼唤，而是"燕山胡骑鸣啾啾""黄河流水鸣溅溅"；见到的不是父母姊妹熟悉的笑脸，而是凄凉的荒漠战场；手中拿的不是绣花的针线，而是沉甸甸的刀枪。谁也说不清木兰究竟经受了多少苦难，可是没有任何困难能让木兰屈服，反而使她受到磨炼，变得越来越坚强。

花木兰从军整整12年，她作战十分勇敢，屡立战功，受到人们的爱戴，可谁也没有想到这位与自己并肩作战的勇敢的战士竟会是一位裙钗女子。直到很久以后，花木兰女扮男装的事迹才逐渐传开，人们惊叹不已，不仅佩服她的胆识和勇气，也为她替父从军的孝心所感动。后来，人们怀着敬仰的心情广泛地传颂着她的故事，她也一直受到人们的崇敬。

孝道的确是非常重要的一个品质，不过应当指出的是，封建孝道中也有许多落后、愚昧的因素，例如中国唐宋以后，封建统治者就大肆宣扬"天下无不是的父母""父要子亡，子不得不亡"等愚孝，这是一种腐朽的封建观念。因此，我们在继承和弘扬中华民族的传统文化时，应当注意去其糟粕，取其精华。

 ## 与邻为善、与人为善

邻里是人们居家生活中比屋相连、守望相助的小型自然群体，它对人的成长特别是青少年的成长有着重要的熏陶作用。

因此，古人不仅注意择邻，还非常重视搞好邻里关系，认为"远亲不如近邻"，讲究与邻为善，亲善邻里。处理邻里人际关系时，提倡互敬、互爱、互助。

古人在这方面的典型，大致可以分为四类：第一类是亲善邻里。以仁爱之心对待邻居，搞好团结。晋代朱冲、明代杨翥处理邻里矛盾时不是针锋相对、寸土必争，而是以自己的忍让、大度化解冲突，感化对方，从而达到团结的目的。第二类是邻里间相互帮助的美德。清代解善人在家乡遭受自然灾害时，拿出自己的钱财救济贫困的乡邻；酒店老板接济穷书生王筱岚，鼓励他积极进取，使他从颓废中振作起来，终于获得成功；北宋于令仪捉住被生活所迫偶尔"行窃"的邻居之子，没有惩戒或送官，而是在对他进行严肃教育的同时予以慷慨的帮助，把他从堕落的边缘拉了回来。第三类是帮助孤寡。中国自古有"老吾老以及人之老"的美德，唐代著名诗人杜甫善待邻居老妪，当听闻自己的亲戚不再给老人提供方便时，便对其进行劝说，使老人生活有靠；清初张姓青年奉养邻居孤寡老妇，多年如一日，视之为自己的母亲。第四类则是当邻居有危难时挺身而出。明代王玉涧暗自出资为邻居送聘礼，成其好事；晋代刘敏元在邻居老翁被强盗捉住时，不顾自己的生命危险，舍己救人。这些事例至今读来仍然十分感人。

总之，亲善邻里是人际关系团结友爱的重要内容之一，它所体现的是相互关心、相互爱护、相互帮助的精神。今天，我们在进行精神文明建设的过程中，更应注意搞好邻里关系，从而为我们的生活造就一个和谐的生活环境，形成良好的社会道德风尚。

下面我们就来看看两段与邻为善、与人为善的千古佳话。

清朝康熙年间，安徽桐城有个才子，叫张英。他中了进士后，深受皇帝赏识，官越做越大，直至会殿大学士兼礼部尚书。

张英在京城做了高官，桐城老家的人便一个个神气起来。这一年，张家打算扩大府第，便打起邻居的主意，要邻居让出三尺宽的地面，以便张家修葺院墙。

这家邻居也是桐城的大户——叶府。叶府主人是与张英同朝供职的叶侍郎。叶府对张府侵占府宅的要求，根本不买账。张家的人见叶府寸土不让，便撺掇张夫人写了一封信，派人送到京城。家里人以为，张英是"张宰相"，声势赫赫，官比叶侍郎大得多，只要张英和叶侍郎说一说，问题就可以解决了。

张英看了信后，对家里倚官仗势、欺凌乡里的不端行为十分不满，深感忧虑。于是张英便写了一首回复老夫人的诗："千里家书只为墙，让他三尺又何妨？万里长城今犹在，不见当年秦始皇！"

张夫人看完这首诗，对自己的狭隘心胸感到十分惭愧，同时也十分赞赏张英宽厚的品性。于是，张夫人立即派家丁把自家的院墙拆了，然后退后三尺，重新建了一道墙。

叶府的人听说张府派人进京，正感到焦急不安，忽然看见张府让地三尺，十分困惑。派人一打听，才知道是张英的主意。叶府连忙把情况告诉了叶侍郎，叶侍郎听了之后也很感动。于是，叶侍郎家里的人也把自家的院墙后移，让出三尺。这样一来，张、叶两家院墙之间就空出了六尺宽，形成了一条巷道。张英的一首诗，化干戈为玉帛，两家也因此结下了通家之谊。这事在桐城和京城中传开了，人人都称赞不已，都夸张英待人宽厚，在与人交往中有"雅量"。

杜甫（712—770 年）是唐代伟大的现实主义诗人，他对劳动人民的疾苦总是倾注着深切的关怀和同情。陕北民歌"唐朝诗圣有杜甫，能知百姓苦中苦"，充分反映了杜甫与人民心连心的血肉关系。

唐代安史之乱的爆发，打破了杜甫的平静生活，把他从社会上层卷入社会底层。杜甫晚年漂泊西南，过着流浪的生活。766 年，杜甫来到夔（kuí）州（今重庆奉节），在漳西筑草堂居住。草堂四周茂林修竹，环境清静。特别是草堂前的几株枣树，到了秋天，树上挂满了红枣，显得格外夺目。

草堂西边不远处，住着一位邻居。她无儿无女，家徒四壁，没有任何财产，房子已是破烂不堪，是一位孤苦伶仃的老妇人。平时，她以糠菜聊以充饥；秋天枣子成熟的时候，她常到杜甫的草堂前来打枣，以枣充饥。杜甫知道这位老人的家境和身世后，对她十分同情，树上的枣任其扑打，从不干涉。为了打消她的顾虑，杜甫还对她格外亲切友善。

第二年，杜甫从草堂搬到了几里路远的东屯居住，把草堂借给他一个从忠州（今重庆忠县）来的吴姓亲戚居住。这位吴姓亲戚搬到草堂后，为了居住方便，在草堂周围稀稀疏疏地插上了一圈篱笆。老妇人误认为草堂新主人不准她打枣子了，就跑到杜甫那里哭诉。杜甫听了很是震惊，他明白如果吴姓亲戚真的不准老妇人打枣的话，这无异于断了老妇人的一条生路。老妇人走了之后，杜甫心潮澎湃，挥毫写了一首诗，这就是著名的七律诗《又呈吴郎》：

> 堂前扑枣任西邻，无食无儿一妇人。
>
> 不为困穷宁有此？只缘恐惧转须亲。
>
> 即防远客虽多事，便插疏篱却甚真。
>
> 已诉征求贫到骨，正思戎马泪盈巾！

这首诗的大意是：堂前枣熟的时候，我任凭西边的邻居来扑打枣子，因为我知道这位邻居是一个没有衣食、没有儿女依靠的老妇人啊。如果不是生活贫困的话，她怎么会这样做呢？所以，每当她来打枣、看到我有些恐惧时，我反而对她更加友善，以消除她的顾虑。现在，你一搬来，那老妇人就担心你这位远方来的客人会不允许她打枣子，可是你插起了篱笆，也就使无心变成了有意。她向我哭诉，由于官家的横征暴敛，她穷得只剩下一把老骨头了。每当我想起战争还没有停息，我不禁又是泪流不止啊！

诗中抒发了杜甫关心人民疾苦的炽热情怀。吴郎看了这首诗，为杜甫的真挚感情所感动。此后，他像杜甫一样对待老妇人，并拆除周围篱笆，消除了她的顾虑。

如何与邻居友好相处

在我国有句俗话叫"远亲不如近邻"。现在，随着生活水平的提高，人们纷纷从平房搬进了楼房，邻里之间的距离也越来越远。然而，不管我们居住在哪里，还是应该和邻居保持好关系。其实，大家住在一起，都希望处理好邻里关系，相安无事。可仍有不少人家事与愿违，经常为一点小事产生纠纷，甚至反目。而凡是与邻居保持良好关系的家庭，大都比较讲究邻居礼仪。

邻居礼仪有许多讲究，最基本的礼仪有以下两点：

（1）彼此尊重。一栋楼或一个院子里，住着各种各样的人。但不论从事什么工作，无论职位高低，每个人在人格上和法律面前都是平等的。因此，大家应彼此尊重，见面时互相问候，至少应点头致意。邻里之间同居一处，容易了解各家的生活习性。但千万不要打听人家的隐私，更不要东家长、西家短，或捕风捉影，搬弄是非，以免邻里之间产生矛盾和纠纷。

（2）互相关照。住户之间为邻居，生活在一个共同的空间之中。大家应讲究社会公德，注意维护环境卫生，合理使用公共空间。做一些事情或娱乐时，也要为邻居着想。例如，不要在邻居午休时，往墙上敲敲打打；晚上听歌曲或音乐，不要把音响的声音开得太大，以免影响邻居的生活和休息。

邻里之间要相互关照，有事互相帮忙，而不要以邻为壑，"老死不相往来"。见邻居抬重物，不妨搭把手。当邻居家夫妻吵嘴、打架，闹得不可开交时，作为关系不错的邻居，不要袖手旁观，更不能火上浇油，而应当酌情劝架，积极做调解工作。

 同志为朋，同道为友

孔子说："有朋自远方来，不亦说乎！"朋友是对我们生活有重要影响的人。古人认为，同志为朋，同道为友，十分注重"择友"。"以德交友"，就是以德为标准选择朋友，以德去建立友谊、维持友谊、发展友谊，同时反对酒肉朋友、利害之交、钱财之交、势利之交。因此，以德交友是团结友爱的基本原则。健康的团结友爱绝非无原则的一团和气或哥们义气，而是建立在远大志向、高尚情操基础上的相互理解、相互关心、相互帮助。

团结协作是在共同抱负、情操基础上建立的友谊。管仲和鲍叔牙之交、俞伯牙和钟子期的友谊，自古以来就被视为知己与知音的典型。这里的"知己"并非一般的了解，而是在共同抱负与追求上的深层次的理解；"知音"也并非只听得懂高深的音乐，而是在相互理解的基础上产生的情感共鸣。

人们常用"知音"一词形容朋友之间的深情厚谊，说起"知音"一词的来历，还有一段脍炙人口的故事呢。

春秋战国时期，有位著名的琴师叫俞伯牙。他曾拜当时的大琴师成连先生为师，学了三年，没有多大的长进。后来，他随成连先生游东海蓬莱山，听到大海汹涌澎湃的涛声、群鸟欢唱悲凄的叫声，对音乐的悟性大开，就操起琴弹奏起来，从此琴艺大长，享誉各诸侯国。遗憾的是，他的琴艺越高，就越难碰到知音。

伯牙鼓琴图

伯牙本是楚国人，却在晋国做官，担任上大夫。他奉晋王的命令出使楚国。完成使命后，他辞谢楚王，从水路返回晋国，以饱览故国江山胜景，了却那刻骨铭心的故国之思。船到汉阳江口，已是傍晚时分，这天正是八月十五中秋节，突然狂风巨浪，大雨倾盆，行船受阻，他便把船停靠在汉阳江口的山崖之下。不久，风停浪静，天空明朗，一轮圆月高挂天空。雨后的月亮越发显得明净迷人，远山播撒着一层银光，江面上波光粼粼，空气清新，沁人肺腑。这美景，怎不令人心旷神怡呢？

伯牙一时琴兴大发，急命书童焚香摆琴。他坐下来调好弦，专心致志地弹奏起来。弹奏间，他猛然发现山崖之上有一个人，一动不动地站在那儿。伯牙心里一惊，手指稍一用力，一根琴弦"啪"的一声断了。

伯牙心里正在疑惑，突然那人大声说："先生不要疑心，我是打柴的人，因打柴下山晚了，遇上大雨，在山岩上避雨，听到先生弹琴，琴艺绝妙，不由得驻足倾听。"

伯牙心想：他是一个樵夫，怎么能听懂我弹的琴呢？于是就和他攀谈起来："你既然能听琴，那么请说说，我刚才弹的是什么曲子呢？"

那人笑着说："先生刚才弹的曲子是孔子赞叹弟子颜回的琴曲，可惜弹完第三句时，琴弦突然断了。"

伯牙听了大喜，想不到这荒山野岭之中，居然有人能听懂他的琴声，便邀请那樵夫上船细谈。那樵夫走上船来，伯牙借着月光观察，果然是樵夫装束，身材魁梧，举止气度不凡。伯牙给他让座，那樵夫一眼看见伯牙的琴，审视一番，说："先生这琴可不是一把普通的琴啊！"

伯牙问道："难道你还知道这把琴的来历?!"那樵夫说："这是瑶琴，传说是伏羲氏所造。"伯牙又是一惊，心想，这樵夫肯定不是一般人。那樵夫接着说这瑶琴当年是如何截取上等梧桐木料精心制作而成的，最初只有五根弦，后来周文王添了一根弦，称之文弦，周武王又加一根弦，称之武弦，共七根弦，所以叫作文武七弦琴。又讲到瑶琴有什么优点，在什么情况下不弹琴，怎样才能弹好它，等等，对瑶琴的一切都了如指掌。

伯牙心中不仅佩服那樵夫知识广博，更是觉得惊奇。但是，转而又想，也许他是凭记忆得来的学问，何不弹奏几曲给他听听，考他一考。

主意已定，伯牙边与那樵夫交谈，边把琴弦续好，请那樵夫辨识所弹的曲调。伯牙说话虽然不露声色，但心里已暗暗确定了弹奏的内容，这次不弹现成的曲子，而是随兴而作，用琴把所想的情境表现出来。

他沉思了一会儿，手起时，琴声雄伟、高亢、激越。那樵夫产生了共鸣，情不自禁地赞叹道："好啊！挺拔巍峨，气势磅礴，先生把高山的雄峻表现得太深刻了。"

伯牙不露声色，凝思一会儿又弹奏起来。这次完全是另一种风格的曲调了，那樵夫不禁又赞叹道："好啊！弹得太好了，低似涓涓细流，亢如波涛汹涌，浩浩荡荡，幽回九转，先生把潺潺流水述说得太形象了。"

伯牙大惊，那樵夫竟然两次都把自己所想所弹说得丝毫不差。这时，伯牙才想起问对方尊姓大名。那樵夫自称叫钟子期，伯牙也报了自己姓名。伯牙弹琴那么长时间了，走过的地方也不少，还没遇到过像钟子期这样的知音，钟子期久居乡野，更没有碰到过技艺像伯牙这样高明的琴师。两人都大有相见恨晚之感。伯牙吩咐仆人上茶斟酒，两人边饮边谈，当即结拜为兄弟，并约定第二年的中秋节在汉阳江口相会。两人一直谈到天亮，挥泪而别。

第二年中秋节，伯牙按约定日期赶到汉阳江口。可是，等了好长时间，始终不见钟子期出现。同一个地点，同样的月光，就是没有知音钟子期了！伯牙触景生情，心急如焚，便弹琴召唤钟子期，那思念知音的琴声在夜空中飘荡，传向远方，可是，钟子期还是踪影全无。伯牙躺在床上，辗转反侧，怎么也睡不着。好不容易等到天边发白，伯牙急忙起床，梳洗之后，他背上瑶琴就向钟子期居住的集贤村走去。

当他走到一个十字路口，正不知该走哪条路时，一位满头白发，面容憔悴，一手拄拐杖，一手提着竹篮的老人走了过来。伯牙赶快上前施礼，打听集贤村的钟子期，并说自己是他的朋友俞伯牙。

老人听了俞伯牙的话，老泪纵横，竟然痛哭起来。俞伯牙感到蹊跷，不知所措，只听到那老人说："我是子期的父亲。你们分别后，子期因劳累过度，积劳成疾，已不幸离开人世。他告诉过我，去年的八月十五中秋节晚上和先生在江边相会，并约定今年八月十五中秋节再见面叙旧。他临死前留下遗言，死后把他埋在江边，好听先生弹琴。"

伯牙听了老人的述说，悲痛不已。在老人的引导下，他来到江边钟子期的坟前。眼望江面，去年八月十五的情境又历历在目。可是，事过境迁，自己唯一的知音——钟子期已长眠地下了，怎能不令人伤感呢？

伯牙架起瑶琴，席地而坐，弹奏起来。琴声哀怨，如泣如诉，充满了伯牙对钟子期深深的怀念之情和对钟子期逝去的悲伤之痛，但是，这些谁又能理解呢？现在唯一的知音已经离开了人世，今后自己还弹琴给谁听呢？琴声戛然而止，只见伯牙悲伤至极，他挑断琴弦，举起那珍贵的瑶琴，猛然砸在石块上，瑶琴被砸得粉碎。

为了纪念这两位"知音"的友谊，后人在汉阳的龟山脚下，月湖侧畔，筑起了一座古琴台。俞伯牙和钟子期见面时所弹的曲调《高山流水》成了友谊的象征，"知音"一词也成了亲密朋友的同义语。应当指出的是，这个故事所说的"知音"绝不能简单地理解为能听懂乐曲，而是表现了钟、俞之间基于共同志趣、情操的相互理解，这才是"知音"的实质。

树立共同理想，团结奋进

朋友之间的团结有一类可以称之为革命友谊。章太炎和邹容、谭嗣同和唐才常都是近代民主革命的志士，他们团结合作的纽带，是为中华民族振兴、反对封建专制、建立近代民主主义献身的精神。

今天，我们要讲团结友爱，但不能搞无原则的一团和气，而应该坚持以德交友，在志同道合的基础上建立友谊，互相理解、互相关心、互相帮助。只有这种友谊才牢不可破，才是高尚的友谊。

章太炎与邹容都是中国近代史上著名的革命志士，他们虽然相差十多岁，却在革命斗争中结下了兄弟般的情谊。他们在革命期间的团结合作，至今为世人所传颂。

章太炎

章太炎（1869—1936 年），中国近代民主革命家、思想家，名炳麟，号太炎，浙江余杭人。1897 年与汪康年、梁启超、夏曾佑等人一起创办《时务报》，宣传民主思想。因参加维新运动，受到清政府的通缉，于 1989 年辗转台湾逃亡日本。1902 年与蔡元培创办上海爱国学社，1903 年初发表了著名的《驳康有为论革命书》，走上了民主革命的道路。

邹容（1885—1905 年），中国近代民主革命者，原名绍陶，字蔚丹，四川巴县（今重庆巴南区）人。1902 年留学日本，参加留日学生爱国运动。1903 年回国，在上海爱国学社写成《革命军》一书，宣传革命是"天演之公例（社会发展的必然规律）"，号召推翻腐朽的清朝统治，建立中华共和国。

章太炎与邹容是在上海爱国学社相识的。两人都立志革命，志趣相同，很谈得来。邹容写好《革命军》一书后，送给章太炎看，并请他作序。这时，章太炎已发表《驳康有为论革命书》，与邹容的《革命军》的观点很是投合。章太炎看了《革命军》之后，拍案叫好，欣然接受了邹容的请求，为《革命军》作序，并帮助他于1903 年 5 月在上海大同书局出版。章太炎又把邹容的书推荐给当时的革命报纸《苏报》。5 月 14 日，《苏报》发表《读〈革命军〉》文，阐述《革命军》一书的观点。从此，两人的友谊更是深笃。章太炎和邹容相约结为兄弟之谊，成了"忘年交"，立志为革命事业携手奋斗。

《革命军》一书出版，《苏报》又发表文章加以宣传，使邹容和他的《革命军》一书影响日增。清政府非常恐慌，下令查禁《革命军》，又勾结上海租界当局，查封了《苏报》，通缉章太炎、邹容以及《苏报》负责人陈范、爱国学社负责人蔡元培。这就是著名的"苏报案"。陈蔡二人逃到国外，章太炎被捕。邹容因当时不在家，得到通报后，隐藏在虹口的一个英国传教士家里。

被捕的章太炎被关在上海的英国巡捕房里，罪名是他为邹容的《革命军》一书写序言，而《革命军》这本书在清政府和英美帝国主义者看来，是一本犯上作乱的书。

邹容听说章太炎被捕的消息后，不愿让自己敬重的战友、老师一个人承担责任，他主动到英国巡捕房去坐牢，两人同被关在帝国主义的监狱里。

在这暗无天日的牢狱里，这一对战友、师生受尽了酷刑的摧残、人身的侮辱和苦役的折磨，但他们坚贞不屈，互相支持，互相激励，决心把推翻清王朝统治的斗争进行到底。

一天，章太炎写了一首名为《狱中赠邹容》的诗：

邹容吾小弟，被发上瀛洲（指日本）。

快剪刀除辫，干牛肉作糇（hóu，干粮）。

英雄一入狱，天地亦悲秋。

临命须掺手，乾坤只两头。

诗的最后两句的意思是：即使是死的时候，我也要和你携起手来；天地间我们两人立志革命，扭转乾坤，挽救祖国的危亡。

这首诗给邹容很大的鼓舞，他也回了一首名为《狱中答西狩》（西狩即章太炎）的和诗，诗的最后四句是：

一朝沦地狱，何时扫妖氛？

昨夜梦和尔，同兴革命军。

从诗中可以看出，邹容和章太炎一样，反对腐败清政府的意志是多么坚定。

在监狱里，他们吃的是麦麸饭，粗糙难咽，消化不了，还时常挨打。章太炎说："我们身体都很虚弱，又不能忍受这种凌辱，肯定不能活着出去了。与其被他们凌辱而死，还不如现在以死来抗争，这样，即使死了，也还算有所作为。"邹容表示同意，但章太炎又说："你判两年，我判三年，你又比我年轻，应该活着出去，继续为革命事业去奋斗。"邹容不赞成，抱着章太炎痛哭起来，说："你我兄弟，情同手足，应该同生死、共患难，为了革命事业我们还是应该活下去，要死的话，我们也应该一同赴难，小弟在所不辞。"章太炎为抗议监狱当局的迫害而准备绝食，邹容不同意采取这种斗争方式，更不愿章太炎为救自己而作出这种选择，一直苦言相劝，并悉心照顾已开始绝食的章太炎。后来，在邹容的耐心劝说下，章太炎放弃了绝食。

他们入狱一年，同狱的500人中有160多人病死、饿死或被活活打死，由此可见他们的境况之惨！狱卒对他们的态度也日益粗暴，稍有一些不顺眼，就用棍棒乱打，或施以酷刑。章太炎先因不满狱卒欺凌，被毒打了两次，后又因给狱外写信，又被毒打三次，轻的就无法计算了。邹容也挨了不少打。他们每次挨打时，气愤不已，无法忍受这种迫害，总是以拳还击，或者夺下狱卒手中的棍棒打狱卒，每每这样，他们受到的迫害就更惨烈。每次发生这样的事后，他们都相互照顾，相互安慰，激励对方坚持斗争。俗话说，不怕死者勇。狱卒知道他们是不怕死的人，也不敢再轻易打他们了。

邹容年少坐狱，狱卒欺侮他小，多次打他，他心里总是处于激愤之中，吃的又是些麦麸饭，饿得面黄肌瘦，多次拉肚子，于1905年正月就病倒了。他整天整天地发烧，昏昏欲睡，心里烦闷又睡不着，半夜常常自言自语，通宵达旦处于头脑不清醒状态。章太炎很着急，不分白天黑夜地照顾他。章太炎读过一些医书，知道邹容需吃黄连、阿胶、鸡蛋、黄汤加以调理，才可痊愈。他向监狱长提出自己为邹容治病，不被允许；他又提出请医生，还是不被允许。这样，邹容于1905年4月3日病死狱中。

当天晚上，章太炎照料邹容到深夜，疲惫不已，就模模糊糊地睡着了。待到天亮时，他发现邹容已经去世，悲痛欲绝，抚尸痛哭，悲彻之音，感人泪下。他们为了革命事业相识相知，走到了一起，也是为了革命事业，他们一起坐牢，相伴牢中，结下了深厚的友谊。没想到这位血气方刚、才华横溢、比他小十多岁的可爱的年轻人，却先他而去了，他怎能不声泪俱下呢？

一年后，章太炎出狱赴日本。在日本，他参加了孙中山创立的中国同盟会，为革命事业战斗不息。无论到哪里，他都没有忘记曾与自己生死与共、为革命事业献出自己年轻生命的邹容。为了怀念和纪念邹容这位为革命事业献身的革命志士，章太炎还先后写了

《邹容传》《赠大将军邹君墓表》等文章，以此来激励、鞭策自己和同胞，革命到底，忠贞不渝。

学会宽容、以德服人

　　古人在团结协作方面作出了榜样。有一类团结表现了宽容、和善的美德。汉初萧何、曹参本是出生入死的朋友，后因封赏差异导致曹参对萧何不满，但萧何临终前仍举荐曹参为相。唐代狄仁杰曾得娄师德极力举荐，但狄仁杰却轻视、排挤他，娄师德并未因此而心生怨恨。

　　萧何（？—公元前193年），沛县人，西汉初期的政治家，汉朝的第一任丞相，为建立汉朝基业及西汉初期的繁荣立下了不可磨灭的功勋。曹参（？—公元前190年）也是沛县人，他是刘邦打天下时的名将，战功卓著。

　　起初，萧何和曹参都在秦朝末年的沛县衙门里任小职员，他们不仅是同乡，而且关系十分密切。后来，秦朝日益腐败，秦王的暴政使老百姓怨声载道，陈胜、吴广揭竿而起，发动农民大起义。风起云涌的农民起义推翻了秦朝的统治，结束了秦王的暴政，却带来了群雄并起的局面。萧何与曹参跟随刘邦起兵争雄。经过多年的角逐，刘邦打败了项羽，统一了天下，奠定了汉代

萧何塑像

基业。萧何与曹参两人合作共事，同心同德，是刘邦的左右手。他们之间的关系也一直很好。

可是，从汉高祖刘邦封侯拜将起，萧何和曹参之间的关系就恶化了。先是汉高祖论功行赏，大家都为功劳大小的问题争吵不休，以致这事拖延了一年多还没确定下来。高祖认为萧何的功劳最大最多，因此，力排众议，封萧何为酂（cuó）侯。许多功臣对此都不服气，当然，也包括曹参在内。封侯结束，接下来就是排位次的问题，不少人推荐曹参排第一。高祖知道在封侯的时候那些功臣已经有些不服气了，但是他心里仍然想把萧何排第一，只是他口头上没有反对他们的意见。这时，一个叫鄂千秋的人发表了不同意见，认为应该萧何排第一，曹参排第二。高祖便顺水推舟，表示同意，确定萧何排第一。曹参自认为有战功，比萧何功劳多，但封官晋爵时，萧何处处占先，因此，心里对萧何产生了忌恨，总是与萧何对着干，或者采取不合作的态度。两人的关系就这样紧张起来。

汉高祖刘邦去世后，汉惠帝即位，萧何仍然担任丞相。汉惠帝很敬重萧何，处理朝政事事与萧何商量。萧何患重病，汉惠帝亲自去看望萧何。大家心里都很明白，萧何已年迈力衰，弥留世上的日子不长了。萧何本人对此也很清楚。而他的相位继承人问题，是事关汉代兴衰的大事啊！汉惠帝带着这份担忧问萧何："你去世后，谁可以代替你担任丞相的重任呢？"萧何说："有谁能像皇上那样知道我的心思呢？"汉惠帝说："曹参怎么样？"萧何点头说："皇上如能得到曹参的辅佐，我死后就没什么担忧了。"萧何并没有因为个人之间的成见，而埋没了曹参的才能。萧何去世后，曹参成为西汉第二任丞相。

曹参接任丞相后，对所有的规章制度都没作任何更改，一切都按萧何的做法去做，而自己终日在相府中饮酒，无所事事。汉惠帝以为曹参看不起他，对曹参很有意见。曹参对汉惠帝说："高祖比陛下贤明，萧何比我能干。高祖和萧何平定了天下，制定的各种法令已经非常完备了。陛下只要垂衣拱手，不必多操心，天下自然而然就太平无事了。我只要一切都遵照萧何的办法去做，就一定会把事情做好的，您说对吗？"汉惠帝同意他的观点。曹参做了三年丞相就去世了。后来老百姓编了一首歌谣，歌词的大意是：萧何制定了法规，严明而又完备。曹参继任丞相，严格遵守，一点儿也不疏忽。有了他这样宽舒的政策，人民生活安定，没有烦恼。因此，后来就有了"萧规曹随"这个成语。

萧何与曹参虽然存在过矛盾，但萧何不计前嫌，举荐曹参，而曹参也不因萧何已死，就否认萧何的功绩，而是公开地承认自己不及萧何，尊重萧何治国的举措。萧、曹两人这种以国家利益为重、不计私怨的品德，在封建时代确实是难能可贵的。

 不计私仇、以德报怨

团结协作中有一类是表现为以德报怨。唐代李吉甫曾因陆贽弹劾被贬，陆贽后来又因故被贬为李吉甫的下属，李吉甫捐弃前嫌，礼待陆贽。

陆贽（754—805 年）是唐朝苏州嘉兴（今属浙江）人，字敬舆。唐德宗即位后，任命陆贽为翰林学士，参与制定国家重大政策。783 年，德宗在奉天躲避朱泚（cǐ）之乱，许多诏书都由他起草，他在平定叛乱中发挥了重要作用。792 年，陆贽被任命为中书侍郎、同平章事（相当于宰相）。他勇于指陈弊政，揭露两税法实行后的各种积弊，主张废除两税以外的一切苛捐杂税，直接以布帛为计税标准；还建议在边境积谷存贮粮食，改进防务等。也就因为如此，他被裴延龄所谮，794 年冬被罢相，次年被贬为忠州别驾（官名，辅佐州刺史的官员）。

陆贽担任宰相时，赵郡（今河北赵县）人李吉甫担任驾部员外郎，管理全国交通和邮政事业。一次，因工作失职，陆贽参奏皇上，把李吉甫贬谪为明州长史，不久，李吉甫又被提拔为忠州刺史（州郡的最高行政长官，相当于太守）。现在，陆贽被罢相，贬谪为忠州别驾，就成了李吉甫的部下。

初到忠州，陆贽的兄弟、门下都为他的命运担忧。当年，陆贽上奏贬谪李吉甫是秉公办事，但现在陆贽落在李吉甫手里，李吉甫也来个秉"公"办事，公报私仇，那是易如反掌的事。陆贽心里也忐忑不安，虽然他也信奉"心底无私天地宽"的古训，但是，他在官场这么多年，官场中的尔虞我诈，也是很清楚的。李吉甫即使不公开报复自己，就是常常给自己穿穿小鞋，也够自己好受的了，在别人看来也是情理之中的事。看来自己只有受气的份了。

然而，当听到陆贽已遭贬谪来忠州的消息后，李吉甫并没有想要对陆贽落井下石进行报复。他一向敬重陆贽的才干和为人，陆贽当初对他的处理，他是心悦诚服的，如果自己身居陆贽的位置，也会这么做的。现在，陆贽被人所谗贬来忠州，李吉甫知道他肯定心情复杂，对自己怀有戒心，作为曾有类似经历的人，李吉甫觉得自己更应该体谅陆贽的处境。

李吉甫从陆贽到忠州的第一天起便对他以礼相待，常到他家问寒问暖，为他家解决实际困难，把陆贽当作朋友和德高望重的长者，从来不提过去发生过的事情。李吉甫的所作所为使陆贽感到不安，而李吉甫担心的正是陆贽不会信任他。于是，李吉甫每天都寻找机会与陆贽亲近，拉家常，家里有好菜就邀陆贽到家里举杯对饮，谈论忠州政务，并时常请教陆贽一些问题，就像交往深厚的朋友。

陆贽起初一直对李吉甫心怀疑虑，言行谨慎。后来，时间一长，陆贽便感受到并确信了李吉甫对他的诚意，他们之间的心理距离渐渐缩短了，两人建立了深厚的友谊。

当时的人们对李吉甫的博大胸怀无不交口称赞。

不争名利、顾全大局

团结协作中还有一类是表现为不计个人恩怨，服从大局。宋代赵概很佩服欧阳修，后者却经常贬抑他。当欧阳修受诬告时，没人愿意为他申辩，赵概却从大局出发，向皇帝上书陈情。三国时陆逊受到淳于式的批评，不仅不心生怨恨，反而认真反省，并极力向朝廷举荐淳于式。最有名的当数战国时期赵国将相和的故事，至今仍脍炙人口。蔺相如以大局为重的宽广胸怀，终于感化了廉颇，令其负荆请罪。

廉颇是战国时期赵国的大将军，为赵国南征北战，立下了赫赫战功。

蔺相如原是赵国一个宦官的门客，他有胆有识，有勇有谋，很有辩才。他受赵王的派遣出使秦国，不辱使命，完璧归赵。赵王认为他很有才干，就任命他为上大夫。从此，蔺相如便成了赵国政治舞台上举足轻重的人物，他的聪明才智也因此得到了发挥。当时，战国七雄争霸，秦国尤其强大，又与赵国是邻国。公元前279年，秦王邀约赵王在渑池相会。秦王强暴，其用心不可预测。赵王害怕，不愿去，蔺相如力劝赵王赴会。在渑池之会上，蔺相如不畏强秦，智斗秦王，使企图羞辱赵王的秦王始终没有占到便宜，维护了赵国的尊严，大煞了秦国的威风。渑池之会后，赵王认为蔺相如的功劳很大，就任命他为上卿，位居廉颇之上。

老将廉颇对此十分不满，他认为蔺相如是宦官的门客，地位低下，对蔺相如仅凭舌辩之能就取得这样的高官厚禄很不服气。他是赵国的将军，有攻城野战、保卫国家的汗马功劳。现在，蔺相如竟位居他之上，他感到是种耻辱，便对外扬言："我如果碰上蔺相如，一定要羞辱他一番。"

廉颇的话传到蔺相如耳里，蔺相如并没有显得不满，还是和平常一样，不动声色，只不过总是避免碰上廉颇。上朝时，蔺相如总说自己有病，借故呆在家里；出门时，看见廉颇来了，就绕道避着他走。老将廉颇非常得意，认为蔺相如一定是害怕他了。

有一次，蔺相如外出办事，与廉颇相遇。他远远地看见廉颇过来，就赶忙命车夫掉转车子另走他路。这可使他的属下感到很难堪，跟随这样一个胆小怕事的主人，叫他们脸上也无光。这次，他们再也忍受不住了，对蔺相如说："我们之所以离别亲人故友来追随您左右，是仰慕您的才干和胆识。您和廉将军都位居高位，廉将军屡次恶言攻击您，而您像老鼠见了猫似的躲躲藏藏，不敢露面。这种事连普通老百姓也会感到耻辱啊，何况您呢？您能够忍受，我们可容忍不下了，还是请您允许我们走吧！"蔺相如再三挽留他们，平静地对他们说："依你们看来，廉将军与秦王哪个强大呢？"大家异口同声地说："当然是秦王强大。"蔺相如又说："以那秦王的权威，我尚且敢在大庭广众之下羞辱他和他的大臣，难道我会怕廉将军吗？强秦一心想吃掉赵国，它之所以不敢对赵国发动战争，还不是因为赵国外有廉将军御敌保国，内有我治理朝政，国力强盛。如果我们两人互相争斗，无论谁输谁赢，受害的还不是赵国吗？大敌当前，我们应当避免矛盾，团结一心，共同防御强秦可能发动的进攻才是啊。我之所以躲避廉将军，避免与他发生冲突，并不是怕他，而是为了国家利益啊！"众人听了蔺相如的一席话，无不为他宽宏大度、顾全大局的胸襟所折服，再也不说走了。

蔺相如的话，不久传到了廉颇将军的耳中，他深为震动，觉得自己为了争地位就不顾国家利益，真不应该。于是他脱下战袍，光着上身，背负荆条，亲自到蔺相如府上请罪。蔺相如见廉颇负荆请罪，连忙出来迎接。廉颇诚恳地对蔺相如说："我太浅薄了，没想到你有如此宽阔的胸怀。"

此后，蔺相如与廉颇捐弃前嫌，终于和好，成为生死与共的好朋友。他们齐心协力，共保赵国江山。有关他们"将相和"的故事，成为世代传颂的佳话。

 集体宿舍中的团结

每一个寄宿学校都会有自己的宿舍制度，可你是否接受自己学校的制度呢？宿舍作为学生的暂时住所，可以让同学得到良好的休息，而较好的休息又有利于提高学习效率。另外，在创造良好的宿舍环境时，也可以培养同学互相友爱、相互团结的精神。因此，住宿舍的同学都应该遵守以下几点：

（1）遵章守纪，模范遵守学生宿舍的管理制度，不做学校禁止的行为。

（2）互相尊重，互相关心，团结友爱。自觉遵守宿舍生活秩序，按时就寝、起床；上下床动作要轻，拿东西声音要小，上铺翻身要轻，下铺要多给上铺同学方便。有事回来晚了应先说一声"对不起"。

（3）讲究卫生，爱护集体荣誉。平时注意搞好个人卫生，衣服要勤换洗，床铺勤打扫，被褥叠整齐，用具摆放合适。不随便在他人床上坐卧，未经允许，不随便挪动翻看他人物品。

（4）关心集体，自觉参加值日工作。主动搞好公共卫生，使宿舍保持整洁美观。清理的垃圾及时倒入垃圾通道内，不要堆放在走廊过道处。不往楼下扔杂物、泼污水。

（5）同学之间互相团结，互相帮助，和睦相处。对有困难和生病的同学要多关心照顾，同学间有了矛盾要互谅互让，严以律己，宽以待人。

（6）不在宿舍内大声喧哗、打闹、跳舞、踢球，放音乐音量适宜，不要影响他人休息。

（7）爱护公共财物，养成节约用水和随手关水龙头、关灯、关门窗的好习惯。不在墙上乱写、乱画、乱钉，不向窗外、走廊泼水，不乱扔果皮杂物，不往水池、便池内倒剩菜剩饭。

（8）讲究文明礼貌，以礼待人。当老师、家长或其他客人来访时，应主动向客人问好让座。交谈时声音不要过大，时间也不宜过久，如果被访者不在，应尽快帮助寻找，找不到时应让客人留言并及时转告。

最后，为了自己和他人的安全，不在宿舍乱拉电线或者乱用电器，不留外人在宿舍过夜。一个宿舍就是一个小集体，在和其他宿舍成员相处的过程中，要真诚，要相互友爱，要尊重别人的生活习惯，创造良好的生活环境。

 自我与忘我之间

董必武在 70 岁寿辰时写过一首诗，其中两句是："冲决诸网罗，首要在忘我。""忘我"是衡量一个人精神世界的重要标志，"心底无私天地宽"。"忘我"才能"无私"，才能待人以诚，助人为乐，先人后己，这也是老一辈无产阶级革命家留给我们的精神财富，已成为指导我们行动的一条准则。从当年中越边境自卫

汶川地震救援

还击的战场，到汶川地震的灾区，涌现了一大批"忘我"的人。

任如东和王安年两位战士，给一线阵地运送罐头，每个人身上背了50斤。在通过"生死线"时，两人同时被敌人的狙击步枪击中，如果他俩把背的罐头放下，相互包扎一下，不会有生命危险，但他们首先想到的是阵地上的战友。此时距离位于一线阵地的猫耳洞口还有二三十米，他们顾不得包扎，一米米地爬行，终于爬到猫耳洞口。爬在前面的人努力欠了欠身子，对战友说了一句："我们把东西送到了，你们清点一下。"说完他们就牺牲了。后来战友们看到，他俩爬过的二三十米距离，染满了血迹。

猫耳洞

一等功臣徐良一次手术时，需要大量O型血，一位老妈妈是病人，她对医生说，我的血没问题，我愿意为徐良献血。还有一位50多岁的老医生，她的爱人病危，她也排在献血的队伍中。

森林大火吞没了西林吉县城。民警孔庆利开着解放牌汽车疏散群众，五次路过家门都没有停车，眼睁睁看到大火把他家一点点烧尽。他仅对别人说了一句："我家烧了，不知孩子和妻子怎样。"

民警娄德伟在维持秩序时，碰巧看到了妻儿，妻子不让他走，他使劲挣脱了她的手，离开了哭泣的妻子。他发现一个沙坑中央有一台大彩电正在冒烟，随时有爆炸的危险，而沙坑四周有三四百人。他大叫一声"快卧倒"，然后以迅雷不及掩耳之势，抱起彩电，朝没人的地方跑去……

消防队驾驶员原则，在驾车前去扑火的路上，曾见到母亲领着自己的女儿匆匆奔逃。他的车一闪而过，哪里险情大就往哪里跑。第三天调班休息时，他才去找家人，母亲和女儿找到了，可妻子和才7个月大的儿子却被烧死了。他痛哭着说："我不是没有想到你们，我不能来呀……"

类似的例子可以举出许多。尽管这些英雄的事迹各具风采，但有一点是共同的：忘我。一事当前，首先想到谁，是很能看出一个人的理想和道德情操的。试想，那两位受伤的战士，停下来包扎一下伤口，战友们会责怪他们么？两位老妈妈不给徐良献血，能说她们觉悟不高么？两位民警和消防队员照顾一下妻子儿女，能说他们自私么？当然不能。他们不是没有想到自己的亲人，说不想，那是骗人的鬼话。但他们想得少，想在后；想得多的是战友、是众人。这正是他们先进的地方。《中共中央关于社会主义精神文明建设指导方针的决议》中说："我们社会的先进分子，为了人民的利益和幸福，为了共产主义理想，站在时代潮流前面，奋力开拓，公而忘私，勇于献身，必要时不惜牺牲自己的生命，这种崇高的共产主义道德，应当在全社会认真提倡。"这些普通的战士、妇女、民警等，以自己的实际行动，诠释了什么是"崇高的共产主义道德"。

在"待人"问题上，"忘我"是种很高的思想境界。"我"并不是那么容易"忘"的。苏联小说《大后方》中，老共产党员瓦尔瓦拉对当选党委书记的女儿安娜·斯捷潘诺夫娜说："既然选了你，你首先就得把这个'我'字藏得远一些，做你这种工作，'我'这个字，像在（俄文）字母表上一样，是最后一个字母。至于'我们'那就不同了。"这位老布尔什维克的话很发人深省。"我"是客观存在，应该完全溶化在"我们"之中，为事业而存在，为事业而奋斗。这样才可望由"藏我"逐步做到"忘我"。

团结协作

——共赢的力量